地质科普丛书
DIZHI KEPU CONGSHU

总主编 谭 霞

副总主编 王 蓉 任良治 胡以德

Geological wonders of Chongqing

重庆地质奇观

重庆市地勘局208水文地质工程地质队
重庆市地质灾害防治工程勘查设计院 ＞组编

主编 谢 斌 张 锋
参编 郑志林 苟 敬 熊 璨 杨 龙
陈 星 冉 瑜 蒋 晶 熊 超

重庆大学出版社

图书在版编目（CIP）数据

重庆地质奇观 / 谢斌，张锋主编. -- 重庆：重庆
大学出版社，2019.7
（地质科普丛书）
ISBN 978-7-5689-1672-1

Ⅰ.①重…　Ⅱ.①谢…②张…　Ⅲ.①区域地质—重
庆—普及读物　Ⅳ.①P512.719-49

中国版本图书馆CIP数据核字（2019）第148554号

重 庆 地 质 奇 观
CHONGQING DIZHI QIGUAN

谢　斌　张　锋　主编
策划编辑：林青山
责任编辑：夏　宇　　版式设计：林青山
责任校对：张红梅　　责任印制：张　策

....

重庆大学出版社出版发行
出版人：饶邦华
社　址：重庆市沙坪坝区大学城西路21号
邮　编：401331
电　话：（023）88617190　88617185（中小学）
传　真：（023）88617186　88617166
网　址：http://www.cqup.com.cn
邮　箱：fxk@cqup.com.cn（营销中心）
全国新华书店经销
中雅（重庆）彩色印刷有限公司印刷

....

开本：787mm×1092mm　1/16　印张：7.5　字数：113千
2019年8月第1版　　2019年8月第1次印刷
ISBN 978-7-5689-1672-1　定价：39.00元

....

序 言

　　智者乐水，仁者乐山。重庆山岳开阔，江河汇流，自古以"山城""江城"闻名，山魂之雄、水韵之灵造就了重庆独特的地质奇观。

　　重庆地质奇观可谓 "奇、美、谜"。地质之奇，如奉节小寨天坑，深度和容积世界第一，其规模称奇；如天生三桥，桥身青翠、宛若天生，其形态称奇；如天星汽坑洞，水声如雷、瀑布悬挂，竖井深度全国第一，其成因称奇。地质之美，或巍峨雄壮如夔门，或灿若明霞如红崖赤壁，或奇峰秀峦如巫山十二峰等。地质之谜，如九重山夏冰洞，盛夏飞冰流瀑，隆冬水暖气腾；如开州吼泉，闻声则泉涌，泉水随音涨落……如此种种，不胜枚举，皆是自然天成，令人惊叹。

　　渝地宽广，渝史绵长，一山一水皆是自然恩赐，经数亿年地质作用造化而成：构造挤压，始有山脉蜿蜒、奇峰耸峙；流水绵蚀，遂见江河如织、洞壑连襟……衷心感谢重庆市地勘局208水文地质工程地质队工作者的无私奉献和默默坚守，常年与山为友，与水为伴，不辞辛苦奔走于野外第一线，汇集团队智慧编辑出版了《重庆地质奇观》一书，概览巴渝山水，叙美述谜，探幽索奇，既是对地学知识的科普，更是对自然的探索与感悟。

概览此书，不可不叹"造化钟神秀"。我们有幸坐拥巴山渝水，更应心怀感恩，尊重自然、顺应自然、保护自然。愿我们携起手来，不断增强人与自然是生命共同体的意识，践行绿色发展，护美绿水青山。

重庆市规划和自然资源局党组书记、局长

2019 年 1 月 17 日

前言

　　重庆是中国著名的山水之城，在 8.24 万 km² 钟灵毓秀的山川地域中，孕育了集山、水、林、泉、瀑、峡、洞为一体的壮丽的地质奇观。而造就这些奇观的大自然力量，堪称超越所有智慧和科技能力的"神秘之手"，是我们人类望洋兴叹、无法比肩的。这种神奇的力量就是地球上永不停歇的地质作用。以地质构造运动的地质作用，让地球发生着沧海桑田般的变化。地质学研究发现，重庆境内最古老的岩石可以追溯到 25 亿年前，这表明重庆经历了亿万年的风雨变化，地质运动在重庆留下了深深的烙印，造就了重庆多种多样的神奇地质景观。其中，有很多堪称地质奇观，让我们感叹大自然的神奇力量的同时，也给予我们最美的视觉感受和体验。这些地质奇观因其神奇、美丽、壮观让人耳熟能详，长江三峡、武隆喀斯特、云阳龙缸、奉节天坑地缝、酉阳桃花源……无不充分展现了大自然的伟大和鬼斧神工。

　　本书按照"奇""美""谜"的独特视角把重庆的地质奇观分为三个篇章，即奇篇、美篇与谜篇，分别从国家地质公园、峡谷沟壑、特色地貌、江河横流等重庆众多地质景观中精选出 95 处奇观结集成书。"奇"主要描述罕见的地质景观，此类景观未必有十足的美感打动人，但往往可以让人们联想到人物与生物形象、历史人文与神话故事等，亦给人们在视觉上留下深刻印象，感叹自然之神奇；"美"则向人们展示独特的壮丽自然景观，既有青山绿水，也有洞穴沟谷，这些奇观部分在诗词文章有精彩描述，增添了其奇特魅力，而地质人的撰写则在人文情怀上增加了科学内涵，使其可读性更强；"谜"则主要介绍成因不明或有多种成因解释的地质奇观，该类奇观既有吸引人的地质现象，又因为成因不明而引发人们的好奇与思考。

本书图文并茂，集知识性、观赏性于一体。近百幅富有冲击力的精美图片将重庆美丽、神奇的地质景观一一展现，精练且充满诗意的文字带您在方寸之间就能畅游重庆不同地质奇观的精彩与永恒。阅读本书，您足不出户就可以观赏重庆美丽的地质奇观，了解多种地质奇观的成因，领略大自然留给我们的珍贵的自然资源。同时，很多地质奇观的未解之谜也启发人们去思考、去探索。

本书是由重庆市地勘局 208 水文地质工程地质队（重庆市地质灾害防治工程勘查设计院）组织编写的"地质科普丛书"之一，由谢斌、张锋担任主编，苟敬、郑志林、熊璨、杨龙、陈星、冉瑜、蒋晶、熊超参与编写工作。

本书编写过程中，多次得到李孝颐、任良治、胡以德等同志的指导，感谢他们提出了宝贵的意见和建议。

本书成稿后，重庆市规划和自然资源局党组书记、局长董建国在百忙中审阅了书稿，提出了宝贵的意见和建议，并为本书撰写了序言，这给了编者极大的鞭策和鼓舞，在此深表感谢！

本书部分图片由原重庆市武隆区旅游发展委员会、原重庆市綦江区旅游发展委员会、重庆兄弟地勘单位的王显卿、董孟、阳畅、甘夏、陈九红及 208 队的付云、胡以德、李德海、王恒、周灏、林雨、熊超、杨龙、王磊等人提供，部分图片来自网络，在此一一表示感谢！

本书力求文字表达准确、简洁精练又不失文学性，但限于编者水平，表达不严谨、不到位之处在所难免，加之部分图片、数据引自其他文献资料，无法与原作者取得联系，如有任何不妥，请与编者联系以便及时修正。

编　者

2019 年 3 月

目录

一、奇　篇

　　地质作用无处不在，地球表面形态各异、特征突出的地质景观和遗迹（天坑、溶洞、奇山异石、古生物化石等），只要你亲身体验过，都会对其神奇之处留下深刻印象，不由得发出万分感慨。这就是地质之奇带给我们的切身感受。世界之大，无奇不有，而重庆境内奇观遍布，以下选取了七类奇观，让我们一起来感受大自然的鬼斧神工吧！

（一）天坑

　　地质学上坑是指具有巨大的容积，陡峭而圈闭的岩壁，深陷的井状或者桶状轮廓等非凡的空间与形态特质，发育在厚度特别巨大、地下水位特别深的可溶性岩层中，从地下通往地面，平均宽度与深度均大于 100 m，底部与地下河相连接的一种特大型喀斯特负地形。按其成因可分为垮塌型天坑和冲蚀型天坑，以前者较为常见。

　　而对于大众来说，天坑就是天然形成的巨大深坑。这些深坑规模巨大，非常壮观。世界上半数天坑都在我国，主要发育在中国南方，现已成为世界自然遗产的重要组成部分。下面介绍重庆境内包括世界级的小寨天坑在内的 5 处天坑。

1.汽坑洞

　　每当我们仰望星空，黑幕中的繁星点点总能让我们遐想联翩，但当我们面朝脚下的大地时，却略显不知所措。我们的脚下到底是一个什么样的世界呢？在重庆武隆就有这样一个地方，可以让我们初窥它神秘的一角，它就是由美国、法国、德国、波兰等多个国家组成的联合探险队发现的中国最深竖井——天星汽坑洞（图 1.1）。

　　该洞位于武隆天星乡境内，垂深 1026 m，为目前国内探测的垂向深度最大的竖井状洞穴。站在洞口，

图 1.1　汽坑洞
（来源：新浪旅游）

能听见下面水声如雷，自洞口沿竖井通道一直垂降 708 m，相当于坐电梯下了 236 层楼，洞内有包气带水流——落差 60 m 的悬挂瀑布，犹如进入了一处地下宫殿。

汽坑洞以深、险、酷、趣名传于世，是中外洞穴爱好者和探险家的乐园。想象一下，从洞口攀缘而下近 1 km，与地下瀑布为伴，是一件多么美妙的事情。

2. 中石院天坑

还记得《爸爸去哪儿了》第二季在武隆天坑中拍摄的画面吗？明星爸爸带着孩子在巨大的天坑底享受着新鲜的空气、世外桃源般的美景，让人心生神往，流连忘返。

而这个巨大的坑，就是位于武隆仙女山镇明星村的中石院天坑，是目前世界上发现口径最大的圆形天坑，直径达 645 m。

俯瞰天坑，陡壁峭岩，林深木茂；沿着蜿蜒小道直达坑底，云雾缭绕，良田农舍，时有溶洞，水帘高悬，泉水叮咚，一派世外桃源的绝美风光［图 1.2（a）］。

此天坑属于垮塌型天坑。因可溶性岩层中发育有很多的垂直溶蚀管道，其管道与地下河道沟通，当地下可溶性碳酸盐遭受侵蚀被地下水带走后，其地下悬空，上部发育垂直裂隙的岩石失去下部支持，产生渐进式塌陷，此作用间断但不止，直至整个地下空间出露地表形成了我们今天看到的天坑［图 1.2（b）］。

（a）天坑近景（来源：新华网新闻无人机队）

（b）天坑远景（来源：武隆地质公园"美丽中国"材料）

图 1.2　中石院天坑

3. 后坪天坑群

世界唯一的地表水冲蚀成因的天坑群——后坪天坑群，位于重庆武隆后坪乡境内。天坑总面积 15 万 km^2，共有箐口、石王洞、打锣凼、天平庙和牛鼻洞 5 个天坑，口径和深度均在 300 m 左右。周围绝壁万丈，天坑下面是地洞，地洞中隐藏着更大的天坑。天坑形态呈圆桶形，东西长约 250 m，南北

图 1.3　后坪天坑远景（来源：布依享爱）

宽约 220 m，天坑深度 300 余米（图 1.3）。上部数条瀑布似银河倒挂，轰鸣作响，极为壮观。瀑布汇集成河流流入二王洞，形成地下水，从麻湾洞涌出。

千百年来，后坪天坑一直被当地人称为能预测天气的"神坑"，每当坑中起雾时大雨马上就会到来。经专家考察分析，每当要下雨前，洞外温度升高或气压发生变化，而洞穴内是一个恒温环境，空气从洞口进入天坑底部时发生凝结，形成水珠，从而在洞口形成一团雾气，因此产生了天坑下雾预示下雨的说法。

专家认为，在后坪天坑周围，曾有 3 ~ 4 条水量非常大的河流汇聚，这种外源水的量相当大，水动力也相当强，于是形成漩涡，使侵蚀和溶蚀能力都变强，在冲蚀和崩塌联合作用下，洞口越来越大、越来越深，便形成了如今的天坑，这也是后坪天坑与其他垮塌型天坑的区别。

4. 小寨天坑

在奉节县城正南方向相距近百千米的兴隆镇小寨村，拥有一处奇景，已被住房和城乡建设部列为首批《中国国家自然遗产、国家自然与文化双遗产预备名录》，这一奇景就是小寨天坑。

"天坑"是当地人对它的俗称，在地质科学上，我们称其为岩溶漏斗地貌。小寨天坑是目前世界上发现的最大的"漏斗"，坑口直径 622 m，坑底直径 522 m，深度 666.2 m。天坑坑壁有两级台地，位于 300 m 深处的一级台地，宽 2 ~ 10 m，台地有两间房屋，曾有人隐居；另一级台地位于 400 m 深处，呈斜坡状[图 1.4 (a)]。天坑隐身于浩渺起伏的山峦之中，使人不易于寻觅，但是从高空俯瞰，就能见到在几座簇拥的山峰之间，有一个硕大的椭圆形漏斗凹陷其间，沉静而深邃[图 1.4 (b)]。伫立于天坑边缘，眼见地面突然塌陷，坑壁陡峭而光洁，坑底深陷，有翠叶褐木繁盛其间；站在崖间倾身俯探，飒风回旋，脚临垂渊，不由得令人脚下生软。

在东北面的峭壁上，有一条小道可通向坑底，扶壁徐下，是另一番天地，如同一个杯中世界：坡地草木丛生，坑壁有悬泉飞泻，坑底暗河密布，密洞四通八达，

(a) 平视天坑　　　　　　　　　　　　　(b) 仰视天坑

图 1.4　小寨天坑（来源：新华网）

洞穴群奇绝险峻。

其实，小寨天坑犹如窥视地下河的一个"天窗"，它与天井峡地缝同属一个岩溶系统，底部的地下河水来自天井峡地缝，并向迷宫峡一带流去。

5. 龙缸

关于云阳龙缸，自古就有一个传说，当初张果老邀仙游赏月，但月亮却数巡未至，令他被人取笑，气愤的他便纵身飞驰，必要寻得月亮方肯罢休。直至飞过云阳清水镇时，才见到月亮被嵌于石缝之中。于是他使尽仙法将月亮推出，却不想用力过猛，将地上踩出一个大坑。此坑呈椭圆形，内壁如削，形似一口大缸，于是此地便得名龙缸。

在地质学家眼里，这当然不是什么脚印，而是一种颇具规模的天坑地貌。龙缸天坑与小寨天坑同属坍塌型天坑，是由于下部岩石被掏空后，地面塌陷形成的岩溶地貌。该天坑在平面上呈不规则的椭圆形，长轴 304 ~ 326 m、短轴 178 ~ 183 m；深度达 335 m，其深度在国内仅次于小寨天坑、大石围天坑，位居我国第三、世界第五。龙缸天坑的坑壁近于 90°，这种直上直下的形态更是"当惊世界殊"（图 1.5）。

图 1.5　龙缸远景（来源：新华网）

时至今日，龙缸依然是不可多得的美景所在。人站于缸沿之上，一边千仞垂壁，一边万丈深渊，作为龙岗国家地质公园的核心景点，它并不负其"天下第一缸"之称。北东有一块飞来之石，傲居缸顶石壁之上，宛若神鹰悬垂，瞰护大地，下通溶洞，映月束影，自有其曼妙。

（二）逆流之水与神泉

重庆是山水之城，除了奇山之外，也有异水。这些异水不同于寻常所见的现象，令人匪夷所思。这些景象的成因虽然是"意料之外，情理之中"，但是却带给人们神奇的感受。

6. 逆流河

"滚滚长江东逝水，浪花淘尽英雄"，"黄河之水天上来，奔流到海不复回"。以上耳熟能详的诗词，描绘了我国两大水系的主体流向——向东流，而与两大水系有关的支流大多为南北流向或整体上是以自西向东流向为常规。重庆城口境内却有一条奇特的河流——任河（图1.6），它在大巴山腹地流淌了数万年，反其道而流之，

（a）任河下游（巴山湖段）（来源：华龙网）

（b）任河中游（修齐镇段）（来源：熊超 摄）

图 1.6　任河

先由东南向西北，整体表现向西流，再击穿大巴山山脊折而向北流淌，从川入陕，在巴山北麓陕西紫阳汇入汉江。

究其原因，城口地区受多期次区域大地构造运动的影响，大地频繁发生水平挤压、抬升，后期经过风化、水流侵蚀等综合作用形成了高低不平的山脊、沟壑，使得该地区地形整体为南东高，北西低。"人往高处走，水往低处流"，这是自然常规，因此就形成了任河今天向西流的主体流向。

任河发源于重庆城口、巫溪和陕西镇平交界的大燕山（古名为"万倾山"）三棵树一带，流经重庆城口、四川万源、陕西紫阳三省市共 16 个乡镇，流域面积 4 871 km²，覆盖 33 个乡镇及街道办事处，全长 221 km，是我国名副其实最长的倒流河。

7. 鱼泉

鱼无处不在，大到浩瀚无际的蔚蓝大海、波光粼粼的湖泊，小到蜿蜒延伸的清澈河流、溪沟、农家水田。儿时，人们都喜欢到水田、河沟、湖泊中捕鱼，每当收获鱼儿之时，那欣喜若狂的笑脸让人久久不能忘怀。今天，笔者带大家去一个神秘感十足的地方，观赏不一样的鱼群，领略不一样的抓鱼快感。此处就是重庆巫溪宁厂镇一个神秘的鱼泉（图 1.7），它位于工人街 1 号一位农户家的房屋下。

 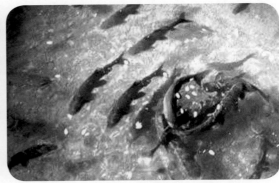

（a）鱼泉附近的河流 　　　　　　　　　　（b）鱼泉内的鱼种

图 1.7　鱼泉（来源：谢斌 摄）

鱼泉，顾名思义就是能涌出鱼的泉水。神奇的是，该鱼泉每到春夏汛期雷雨交加之时，云南盘鉤鱼、"雅鱼"等鱼种便从出水的石缝里涌出来，最多时一天有近 500 kg 鱼涌出。这一景象吸引了四面八方的游客一探神奇，甚至吸引了中央电视台、重庆卫视的记者。这到底是怎么回事呢？别着急，让我们用科学的眼光为大家一探究竟。

据水文地质学家现场了解，鱼泉出没之地及方圆上百千米开外，均由可溶性石灰岩、白云岩地层组成。该岩石在构造应力的挤压下，产生多方向上的多组裂隙，带裂隙的岩石在溶蚀侵蚀作用下，易产生岩溶地下管道、地下暗河。这些岩溶地下管道、地下暗河多与附近及远处有鱼生存的地表水、地下水犹如人的血管般相互连通。当暴雨来临时，鱼儿为了躲避洪水的冲刷，均往"安全"的岩溶地下管道汇聚，巫溪宁厂镇这个鱼泉出露点恰好是鱼儿汇聚的理想"安全"场所。当河流切割此处或者人工揭露该点时，就是我们看到的鱼泉，也就是说当地居民碰巧挖到了暗河里的鱼群通道，让原来暗河中的鱼改道从鱼泉里涌出。据当地老人介绍，解放前宁厂古镇就曾发现过鱼泉，当时人们就用筲箕来捕鱼。

如今，这个在汛期只管捞鱼卖钱的"聚宝盆"，已成为巫溪的一个神奇景点，许多慕名而来的游客表示，"就是看个稀奇"。

8. 三涨水

世界之大，无奇不有，在重庆涪陵丛林乡龙洞村二组，就有一口神奇的泉眼。泉眼每日涨水三次，涨水时波涛汹涌，甚是壮观，因其涨水作息规律，得一雅名"三涨水"（图1.8）。

据考证，"三涨水"只是坊间喊的小名，其学名为"间歇泉"，只有遇到

图 1.8　三涨水（来源：阿星说聊）

特殊的岩溶管道系统才能形成。通俗地讲，就是地下水溶蚀山体，巧合中形成了一条虹吸管道，地下水从上游源源不断地供水过来，水就会沿着虹吸岩溶洞穴流出地表。当上游给水超出洞穴虹吸管道最高点时，水流便源源不断地流出；当给水低于虹吸管道最低点时，水流停止，下游出水口（泉眼）就会形成间歇泉。

令人称奇的是，泉眼旁伴着一棵我国目前已知最大的黄荆树，灵动可人，可谓灵泉养树，树成精，树伴泉水，泉通灵。

9. 龙潮湖

据传闻，1982年农历六月二十三，位于秀山清溪场镇龙凤村的龙潮湖突然一声闷响，"龙眼"里腾起水柱。浑水一直冒了三天三夜，还涌出了上万条蛇。湖周围坡地上站了几千名群众围观，"农民随便用撮箕往浑水里一撮，就能撮到大大小小20多条蛇"。

怎么会有如此的奇怪景象呢？原来，龙潮湖没有外来的水源，湖水多是从湖底冒出来的（图1.9），每天早、中、晚都会有规律

图 1.9　龙潮湖（来源：刘虎 摄）

地涨落，是非常罕见的"虹吸现象"。龙潮湖位于石灰岩地层，3个"龙眼"是地下虹吸管道的出口。当地下水水位上升超出洞穴虹吸管道最高点时，水流便源源不断地向外涌出，形成"涨潮"；当水位低于虹吸管道最低点时，水流停止，开始蓄水。由于每一次蓄水过程都需要时间，因此形成了我们看到的早、中、晚间断涨潮的奇象。

10. 地下龙宫

水库相信大家都不陌生吧！那埋藏于大山腹中的天然地下水库呢？相信大家一定会很好奇，那么就让我们一起来领略目前我国西南地区已建成的最大的地下水库，同时也是我国第一座地下水库——海底沟地下水库（图1.10）。

图 1.10　海底沟地下水库外景（来源：奇趣川渝）

海底沟地下水库被当地人称为"龙宫"，它是如何产生的呢？水库位于重庆北碚原江北煤矿矿区，地处龙王洞背斜。1966年8月26日，江北煤矿4号井口采煤掘进过程无意打穿了这个大背斜，导致了岩溶塌陷，当时还引发了一场小地震。后来，地下暗河水冲出来慢慢形成了这个巨大的地下水库——龙宫。据说，当日地下水涌出最大容量216万 m^3，72天后日出水量仍有8.2万 m^3。

根据地质专家的勘察，"龙宫"含水层面积 64 km²，库容 1 340 万 m³，年平均补水量 441.5 万 m³。"龙宫"南北走向，在东、西各有一个深潭，其内空间大者高数十米、宽近百米、长数百米，组成许多大的"厅堂"，"厅堂"由廊道连接。"厅堂"就是一系列大大小小的地下湖，湖水清澈如镜，游鱼可数。水库内的水温与气温一年四季基本恒定在 16 ~ 18 ℃，冬暖夏凉，是一处避暑的好去处。

人工开口处大致处于地下"龙宫"的水位中部，目前主要用途是自行灌溉复兴、三圣等乡镇 5 万余亩[①]农田，被当地人称为"微型都江堰"。

（三）天生桥

在生活中，天桥指的是道路上的跨桥，为人类建造而成。而在自然界中，也存在没有任何人为因素的天然之桥，这就是天生桥。天生桥是岩石由于河水不断侵蚀以及地理位置逐步抬高而形成的。在重庆的群山中我们常常可以看到拱形的天桥，这些天桥往往形成令人赞叹的景观。

11.龙桥暗河

生活在湖北和奉节一带的人，几乎没有不知道龙桥河的，然而世代生活于此的人们，对龙桥河的了解也仅仅是一些神秘的感受。也许有人溯流追寻过它深埋于地下的黑暗，见识过其暗流纵横，目睹过异于地表河流中的鱼虾，但却从未有人真正走通过这条暗河，因此，人们对于这条河流总是心生好奇。

暗河是指流淌于地下的河流，民间又称 "阴河"。龙桥暗河是目前世界上已发现的最长的暗河，位于湖北恩施与重庆奉节之间，直到 2004 年，经过中法探险队的多次努力，才最终确定了它的长度约为 50 km（图 1.11）。不仅如此，暗河从奉节龙桥乡潜入地下，其入口位

图 1.11　龙桥暗河入口（来源：苟敬 摄）

---

① 1 亩 ≈ 666.67 m²。

于分水岭北坡，按理说无论地下、地表水都应往北流，汇入长江，但龙桥暗河却异常执拗，非要反其道而行之，一路向南切穿 2 km 高的分水岭主脉，汇入沐抚大峡谷，形成清江的支流云龙河。

在暗河入口一端，是有名的龙桥河，逶迤于崇山峻岭之中，河水九曲十转，左右逢山，上有天生龙桥雄跨峡谷两岸，下有水击卵石成音，一路顺流而下，任由淙淙流水透过鞋袜，让绝壁悬松挡去夏日炎热，不失为一处亲近自然的绝佳去处。行至云龙洞，河流转入地下，变成暗河，光线渐渐淡去，新世界却逐步打开：虽撤去骄阳，却引来云烟弥漫；虽淡去斑斓，却更显洞穴曼妙。

12. 天生三桥

你知道吗，电影《满城尽带黄金甲》《变形金刚 4》的取景地都有咱们武隆的天生三桥！

武隆天生三桥由天龙桥、青龙桥、黑龙桥组成，以其规模庞大、气势磅礴称奇于世，是世界上最大的天生桥群（图 1.12）。

可以说，天生三桥在大自然的无数杰作中堪称一绝。这三座桥的高度、宽度、跨度分别在 150、200、300 m 以上。三桥呈纵向排列，平行横跨在羊水河峡谷上，将两岸山体连在一起，形成了"三桥夹两坑"的奇特景观。即便是从全世界范围来看，在距离几百米之内就有如此宏大的三座天生石拱桥和两个由塌陷形成的巨型天坑也是罕见的。

天生桥，顾名思义是在自然条件下生成的，横跨于低洼谷地或河流上的石桥梁。其形成原因是可溶性岩石在地下河长期侵蚀、溶蚀作用下，形成了地下岩溶通道。随着地壳的抬升和地下水位的下降，地下通道周围的岩石抬升后在侵蚀及重力的作用下，大部分已塌陷剥蚀掉，局部保存完整的洞顶就形成了如今看到的天生石桥。

13. 城门洞

古代修缮的城门，巍峨壮观，一夫当关，万夫莫开！而在武隆白马镇车盘村城门洞组，由两山间天然石壁紧密相连而形成的门洞（图 1.13），从远处眺望，俨然城堡前面的一座城门，形成了白马山一道独特的地质奇观。两侧巍峨陡峻的山峰，

天龙桥

青龙桥

黑龙桥

图 1.12　天生三桥（来源：武隆地质公园"美丽中国"材料）。

图 1.13　城门洞（来源：重庆日报）

好似雄壮的城墙和城楼，其上一座天生桥相连，形成的门洞高 25 m，宽 18 m，雄哉！壮哉！

其实，该处"城门"是古时地下暗河的主要管道，随着地壳抬升，而今四周的基岩坍塌，只余下这座天生桥。该"城门"还是过去川黔两地人们经商、交流的一条重要通道，是著名的黔蜀盐茶古道的必经之路。

14. 细水残桥

细水残桥是位于秀山膏田镇的一处天生桥（图 1.14），只有十余米高。它的奇特之处在于它既不横架于断壁之间，也非高拱于峡谷之隙。

图 1.14　细水残桥（来源：苟敬 摄）

残桥的成因尚不明确。有一种解释是它发育于地层分界线位置，由于差异性的岩性及倾斜的岩层，使得该界面成为地下河流的主要管道，而今四周的基岩逐渐坍塌，并被河水搬走，只余下这座天生桥，依然保持着曾经的样貌，孤单斜卧于溪流之上，仿佛见证着周围一切的变化。另外一种可能性更大，即残桥是由地表河侵蚀岩石，最终击穿岩石而形成的。

无论如何，这个神奇的现象已经引发了人们的慨叹。有道是寒溪渐细，苍山弥平，未改其容颜；涓流轻灵，阔风潆卷，未扰其安详。

（四）唯美伤痕

地球无休止的运动造就了高山大海，同时也在地面上留下了很多裂缝。这些裂缝从太空上看就像是地球表面皮肤上的伤痕，似乎并无特别之处。如果你走近这些伤痕，就会感受到造物主是多么的了不起，留下了如此让人啧啧称奇的地质景观。

15. 天井峡地缝

奉节县城南部约90 km一带被一片葱郁的原始森林所覆盖，苍翠似海，清丘如波。从高空俯瞰，在这苍山翠海云雾缭绕之间，隐约有一条裂缝，曲折蜿蜒地撕裂了大地，宛若神龙蛰伏残留的痕迹。

这条奇特裂缝就是奉节的天井峡地缝（图1.15），其实它并非什么神龙痕迹，

图 1.15　俯视天井峡地缝（来源：苟敬 摄）

而是一种岩溶地区特有的地质景观。在岩溶发育地区，地下易有暗河发育，它们经年累月掏蚀岩石，自己逐渐由细水汇成大河，山体却被掏出大洞，直到上部岩体不再能自持，轰然崩落。于是暗河终于露出地面，将大地裂出长缝，正似蛟龙破土而出，只余下栖身之所。

天井峡地缝由南向北贯通于兴隆镇附近，长约 37 km，深近千米，峡谷上阔下窄，宽处可达 500 m，窄处不过 3 ~ 5 m，其规模之宏伟世界罕见，因此，地质学家称其为"世界喀斯特峡谷奇中之稀"。

如今，在地缝的半腰已修有步道，能让人身临其境一睹峡谷景观，触摸两壁陡峭如刀切，瞰眼是水落深渊，岑目唯见一线蓝天。倘若仍不尽兴，还可由大象山深入，探索缝底，脚下涉有细水，左右盘有溶洞，偶有涓泉成瀑，滴落于钟乳石上。此外，由大象山更往南去，峡谷不再出露于地面，而是将身体隐伏于地下，形成暗缝，内部暗流纵横，还有大鲵、玻璃鱼等珍稀动物，更显其神秘莫测。

16. 黑洞河

秀山，当我们听到这个名字的时候，脑海中会出现一幅美丽的画卷：雄壮秀美的山川、靓丽清新的土家儿女、雄奇险峻的峡谷、梅江河畔的秀山平原。说到秀山的峡谷之美，要数黑洞河了。黑洞河，位于秀山龙池镇境内，全长 7.5 km，源头位于名叫黑洞的暗河。河内难得的天然绝壁、急流险滩和良好的生态资源构成了一道美丽的地学旅游景观。穿越黑洞河，你将穿过黑洞和川洞两个天然溶洞，两岸沿线有千仞绝壁、跑马悬影等绝美风光，飞瀑直下、小桥流水等迷人美景，古柏苍松、鱼翔浅底的自然情趣更是令人心旷神怡、神清气爽（图 1.16）。

河内有远近闻名的马尾飞瀑，一道巨大的岩壁，顶部约 5 m 宽，到下面像裙摆一样展开，宽达百米。有水的时节，瀑布如白练从山上的崖壁飞流直下，形似马尾，在飞瀑的侧面，两道刀削似的绝壁把飞瀑围在里面。远观如一匹四蹄生风的快马从两山之间飞驰而过，瞬间只留下一根尾巴；近看，飞瀑气势磅礴，水花四溅，雾霭萦回，像一只白鹤扑打着翅膀从天而降。

（a）黑洞河外景（来源：陈九红 摄）

（b）黑洞河内景
（来源：寻景巴渝）

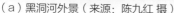

图 1.16　黑洞河

　　河内还有令人称奇、可预测天气的镜屏岩。据说，如果早上看到镜屏岩的颜色亮丽，那么当天就是晴天；如果颜色暗淡，当天则是阴雨天。传说它是观音菩萨每天用来梳妆打扮的镜子。

（五）溶洞

　　很多人都去过溶洞，但你可知溶洞是如何形成的？科学来说，溶洞是石灰岩地区地下水长期溶蚀的结果，这种地质作用以水滴石穿的精神制造出溶洞中互不相依、千姿百态、陡峭秀丽的钟乳石奇异景观。重庆是石灰岩发育的地区，所以造出了很多神奇的溶洞。

17.乳花洞

　　溶洞易出美景，常有迷幻巧曲之美，多具深邃幽寂之态。作为一种常见的喀斯特地貌，溶洞一般只在碳酸盐岩地区发育。然而事无绝对，在北碚嘉陵江畔的北温泉公园的碎屑岩地区，就有一个别致的、颇具规模的溶洞，它就是北碚的乳花洞（图1.17）。

　　乳花洞并非一般的溶洞，构成乳花洞的岩体也并非石灰岩，而是 5 万年前的温

图 1.17 乳花洞内景（来源：独行侠）

泉泉华沉积物。北温泉是一处天然温泉的出口，在 5 万年前，温泉的出口还远高于现在的嘉陵江面。温泉流出，使泉华沉积在土地之上，待到沉积稳定之后，这些泉华沉积物在自重卸荷作用下产生裂隙而变得破碎，热水顺着这些破碎之地流淌，其自带的高温使两壁泉华受到溶蚀。如此经久往复，破碎渐变为裂隙，裂隙渐变为溶隙，溶隙渐变为溶洞，并最终形成各种各样的岩溶景观。因此，乳花洞并非传统意义上的溶洞，而是一个"假"溶洞，但它却并不因假而廉价，反而因假而举世无双。

18. 金扁蛋

一提起荷包蛋，相信大家脑海中一下就能浮现出让人垂涎欲滴的黄白美食。下面，要带大家看一看由自然之手在溶洞中煎制的不一样的荷包蛋。

在石柱金铃乡银杏村有一溶洞，名为"冷洞"。洞内沉积物丰富，石柱、石笋群规模壮观，形态变化多姿，最奇特的是洞中发育了 20 余个形态奇特的"金扁蛋"。它们由淡黄色石芯和外围乳白色石笋组成，其颜色、形状、大小都神似"荷包蛋"，故名金扁蛋（图 1.18）。

其实，它是一种较为特殊的石钟乳，金扁蛋只是其外部感观而已。其间可能受岩石、地下水中特殊元素成分、气候变化等外部条件影响，在局部地区偶尔形成一些形态各异、极具观赏价值的钟乳石，显然，金扁蛋可算作其中的佼佼者。

图 1.18 金扁蛋（来源：李琪 摄）

19. 定海神针

在我们的印象中，只有具有生命的东西才能生长，但神奇的自然告诉我们，不仅仅是生命，就连简单的石头也会生长。石笋就是这样一个例子，而且它的成长远比其他生命体的成长更为漫长。

图 1.19　定海神针（来源：胡以德 摄）

石笋出现于溶洞之中，它是从地面向上逐渐生长的钟乳石，因洞顶水滴在自重力作用下滴落在洞底，溅起水花，而后消失，但水中富含的钙质成分却沉淀下来。长年累月，水中的钙质一滴一滴地沉淀，经久不息，钙质不断固化成石。小的时候足大头尖，形似圆锥，长高一点则宛如竹笋，节节升高，于是我们称它为石笋。

在万州盐井龙洞，有那么一根石笋，夺天地之造化，神骏异常。石笋矗立于洞底岩石之上，端直高耸，通体垂顺，宛如铁棒，高近 30 余米，直径约 40 cm，犹如大圣取经成功，重归龙宫藏宝库中的"定海神针"（图 1.19），底部见许多小的钟乳石林立，宛如莲花半开，簇拥维护。

（六）奇山异石

大自然就像一个雕刻家，地质作用就是它的刻刀，山脉就是它的工作室，于是它在广大的山中用刻刀永无休止地刻画着，为我们留下了一件件令人称奇的作品。重庆的山就有这样的惊艳之作，这是大自然在研究地球上万事万物后精雕细刻的杰作。

20. 企鹅奔月

企鹅，大多生活于南半球，因其长相独特，像身穿燕尾服的西方绅士，走起路来，一摇一摆，遇到危险，连跌带爬，狼狈不堪。可是在水里，企鹅那短小的翅膀成了一双强有力的"划桨"。当然，这些滑稽美妙的景象，未到过南半球的我们只能在电视上看到。而在这里，我不吝惜地告诉你，城口沿河乡的坪坝河畔，那里有不一样的"企鹅"。你是否会有一颗好奇之心，跟我们一起去目睹"企鹅奔月"的真容呢？

该"企鹅"位于城口省道 S202 坪坝镇至沿河乡的公路旁，高约 120 m，背部略带弯曲，仰头望向天空，期盼能像嫦娥一样奔向月宫，一身绿装更显示出该企鹅的与众不同。

在这里，也许大家会问，为什么该处能形成如此奇特的造型呢？按照地质学家的解释：该岩石为石灰岩夹白云岩、泥灰岩，形成于 2.47 亿年以前，后期经区域动力作用挤压抬升。因石灰岩层间间夹含泥质较重的软弱层，相对于石灰岩来说，软弱层容易风化，石灰岩较坚硬，抗风化侵蚀能力强，以至于二者之间形成不均匀的差异性风化。而石灰岩因轻微溶蚀风化后，表面呈灰白色，犹如企鹅身下的白色羽毛，岩石上覆盖的翠绿植被犹如企鹅身穿的燕尾服，形成企鹅浮水上岸，仰头向上"奔月"的奇特景象（图 1.20）。

图 1.20　企鹅奔月（来源：谢斌 摄）

21. 遥望远方

以恐龙足迹、丹霞地貌闻名的綦江老瀛山，是綦江国家地质公园的主要景区。园区内地质遗迹景观丰富，大自然在其身上镌刻下了深深的痕迹。凭着大自然的鬼斧神工在三角镇红岩坪一侧的老瀛山半山腰上雕刻出了一副巨大的"人面"岩石。该人面岩石具有人脸的大部分特征，眼睛、鼻子、嘴和下颚极为明显，而且比例也较为适中。站在它的右侧，发现它"双眼"很有神，表情淡定地遥望远方，犹如天神一样俯视着下方来往的人流，观看着众生的一举一动（图1.21）。山脚下方的人，远观人面若隐若现地浮现于半空之中，极具神秘色彩。

图 1.21 遥望远方（来源：熊璨 摄）　　　　图 1.22 一柱冲天（来源：王恒 摄）

也许，在我们常人眼中，这是神的造化，有着美丽的传说故事。但其实，它是大自然馈赠给我们的宝贵的地质遗迹。地质学家说，这里曾经是一片巨大的湖泊，气候炎热，周边可能生活着恐龙。随着时间的推进，这里沉积了巨厚的紫红色砂岩、泥岩岩层，后期经多期次的区域构造运动，使得此处的砂岩层被抬升产生垂向裂隙，部分岩块因裂隙增大脱离母体后形成陡崖，局部地区后期再遭受不同程度的风化、侵蚀、剥蚀、崩塌等物理、化学综合作用后形成今天如此奇特的天然象形石。

22. 一柱冲天

在重庆巫山雄壮蜿蜒的长江江畔，巍峨的万丈悬壁之上，有一豪气冲天的石柱，犹如孤胆英雄般守护着一方世界（图 1.22）。

这根石柱是外力地质作用的产物。高山上的岩石通过各种地质应力的影响会形成裂隙，这些裂隙可以从很多方向出现。当裂隙倾角接近直立时，外加雨水冲刷，灰岩易沿裂隙带发生溶蚀，慢慢消融，久而久之，就会形成一根根直立的石柱。今天我们看到的巨大石柱并不多见，它坚韧不拔又形单影只，构成了"一柱冲天"的景观。

23. 锯齿岩

在秀山涌桐镇的群山之中，川河盖的顶部，几亿年前形成的砂岩层覆盖在志留系地层铸就的山岭之上，靠着陡峭的悬崖边缘，俯瞰着山前美景。

一般情况下，悬崖边的岩石在断面上形成较陡的平面，陡峭难攀。但川河盖边的这些岩石自有其特色，显现出犬牙交错的锯齿状，像一把矩形的锯子（图 1.23），

（a）俯视锯齿岩

（b）仰视锯齿岩

图 1.23　锯齿岩（来源：重庆市文化和旅游发展委员会）

仿佛要锯开这一片雾蒙蒙的天空。奇特的地形、奇特的岩石、奇特的构造作用，形成了奇特的风景，正应了一句"鲁班造锯巧夺天工，鬼斧神工锯齿岩"。这样奇特的岩石是怎么形成的呢？原来，川河盖位于向斜的轴部附近，受控于构造挤压的影响，发育着一对对彼此交切近似菱形的裂隙。经过长年的风吹雨打，悬崖边的岩石顺着裂缝而掉落，就形成了我们现在能看到的奇特岩石。

灵魂和身体，必须有一个在路上。当行走在川河盖锯齿岩的边缘，灵魂和身体都在旅行。

24. 狮身人面像

埃及狮身人面像是最大最古老而又最神秘的雕像，它背后的神话、来源和据传与人世以外的联系，让它成为著名的历史文物，是人类社会文明发展的结晶。

而今，在武隆羊角镇，发现了一处自然形成的"狮身人面像"（图 1.24），虽然与埃及狮身人面像成因不同，但带给我们的震撼却同样巨大！众所周知，地质灾害往往造成不好的后果，而武隆的羊角镇滑移后，却留给我们非常惊艳的残体：其前方一石灰岩形成的石柱，颈部细长，顶端像人头，五官清晰可辨，恰似人面；其

图 1.24　狮身人面像（来源：周灏 摄）

后的斜坡，就像狮子趴伏而息的身体，极目远眺，极像世界闻名的古埃及狮身人面雕像，令人不禁感叹大自然的鬼斧神工。

25.牯牛背

俗话说，"自古华山一条道"，在綦江郭扶镇永胜村的大山里也有这样一处险境。它集"险、俊、雄、秀"于一身，犹如牛的一段脊背，最窄的"牛脊梁"，只有不到半米宽，两侧都是悬崖，被当地人称为"牯牛背"（图1.25）。这个地方，是驴友们眼中的"綦江华山"。要去牯牛背体验华山的俊秀，需怀揣一颗冒险之心，才能勇敢地登临牯牛背峰顶。牯牛背两侧绝壁陡峭，从下方望去，该山脊上接云天，危峰兀立，令人望而生畏。

远远望去，牯牛背两侧岩石呈现出暗红色，这是丹霞地貌的特色。该处险境是由厚层红色砂岩所构成，因岩层呈块状结构和富有易于透水的垂直节理，经流水向下侵蚀及重力崩塌作用形成陡峭地形。牯牛背两侧视野开阔，风光独具特色。

（a）飞跃牯牛背（来源：董孟 摄）

（b）漫步牯牛背（来源：张君 摄）

图 1.25　牯牛背

26.石磨岩

彭水鞍子苗寨的石磨岩可能大家都不熟悉，该岩是石林深处的一块巨石，因其形状酷似石磨而得名（图 1.26）。像这样上大下小的岩石有人形象地将其叫作"翻天印"，而像石磨岩这样下有磨盘，中有细小的磨芯，稳稳地支撑着又大又笨重的

图 1.26　石磨岩（来源：视界网重庆网络广播电视台）

上磨盘，实属罕见。磨芯高 0.62 m，南北宽 1.5 m，东西长 1.7 m；上磨盘南北长 10 m，东西宽 4 m，厚 0.5～2 m。远远望去，摇摇欲坠，随时都有要掉下去的感觉，但它历经几千年的风雨，岿然不动，实乃大自然的一大奇迹。

从地质学角度讲，这里是典型的石灰岩分布区，中间的"磨芯"因岩石受垂直裂隙的影响，部分岩体脱离母体并经后期差异性风化形成，上部岩层近似水平，且岩石较为完整得以保留形成石磨岩。在石磨旁不远处还有一处与石磨完全相似的岩层，看似在将来也会形成这样的石磨。不过，在新石磨未形成之前，现在这座石磨可能会因磨芯的溶蚀而坍塌。

27. 怕痒石

相传当年鲁班和徒弟赵巧路经石柱新乐乡拗石湾，在休息时玩起了堆石头。鲁班取了两块巨石叠放在一起，用手指轻轻一点，上面的石头就会扭动。在老百姓的眼里鲁班是仙人，鲁班放的石头自然也被认为有了灵性。当地人称其为"怕痒石"（图1.27），只要触摸其痒处，它便发出"咯咯咯"的笑声，10 m 以内皆能听见，还能见到它憨态可掬摇头晃脑的模样。两块巨石构成燕尾形状，上面一块 4 m³，下面一

图 1.27　怕痒石（来源：王显卿 摄）

块露出地面部分 5 m³，两块衔接处 1 m 宽。6 个年轻人曾试图摇动它，它却纹丝不动。但只要用一个手指按在上面石块的小眼中，石块便左右摇晃并发出笑声。石头的神秘之笑，令人遐想。据有关地质学专家介绍，怕痒石上面那块石头原先应该是在附近的崖壁上，由于这种岩石的硬度比较大，风化过后岩石从崖壁上掉落下来，碰巧掉在了另一块石头的上面，而且在掉落的过程中还翻了过来。然而怕痒石的奥秘之处就在于两块石头相吻合处的那个长条形的接触面，由于杠杆原理，在上面石块的小眼处恰好就能用最小的力气推动它，让它左右摇晃并发出"笑声"。

28. 金蟾求凤

秀山涌桐镇半山腰，山前云雾弥绕，渐隐葱郁，浩瀚如海。在山腰处，一块硕大的砂石矗立在山崖边上，该石头小体大，宛若一只金蟾，端伏于高耸的石柱之上，背受清风，面沐苍翠。这是大自然于距今 3.7 亿年前泥盆纪时期沉积的砂岩层经多期次区域构造运动抬升后，形成雄壮的山峰，后期部分带裂隙的岩块在物理、化学共同作用下形成如此精美的象形山石。

如今，金蟾昂首静伏，翘望天际，日守金乌，夜冀皓月，任有飒风低回，不改其盼祈之姿，任有淫雨暴作，不改其殷切之心。仿佛受贬蟾宫，一心希冀娥女眷顾，方能再有升天之时（图 1.28）。

图 1.28　金蟾求凤（来源：董孟 摄）

29. 将军跃马

四大名著之一的《三国演义》，想必大家都耳熟能详。其中的五虎上将之一赵子龙在长坂坡一战中名震天下。他在乱军战斗中杀了个七进七出，最后怀揣阿斗单枪匹马，冲出重围，这才平安地将阿斗带回刘备身边。这样的场景，我们只有在电视上看到或通过小说联想到，如今，在武隆白马镇车盘村四合组燕子圩的一处山脊上，就有这么一块奇石，仿佛再现了当时赵子龙怀揣阿斗骑在飞奔的马上驰骋沙场突围的场景。因此，当地人将此处景观取名"将军跃马"（图 1.29）。

它的奇特及成因让人百思不得其解，但对地质学家来说，这是大自然中常见的岩石地貌景观——象形山石。白马山上分布着较多的可溶性石灰岩，在雨水的长期冲蚀溶蚀及物理差异性风化作用下，逐渐形成了如此奇特的岩石地貌奇观。当我们站在适宜的位置观察，再加以些许遐想，一位将军骑在马上奋勇向前，迎击敌人的场景便活灵活现地展现在我们眼前。此情此景，让人不由感叹大自然的神奇，也激

图 1.29　将军跃马（来源：王恒 摄）

励我们在生活中遇到困难时要不畏艰难，坚持不懈，突破难关。

30. 悦君天师椅

三峡民间一直就有"自古神仙出悦君"的说法，相传钟离权、吕洞宾、张伯瑞等道仙，在此皆有胜迹，因此自古君王无不喜欢到此寻仙求药，往来频繁，不绝于史。却不知这些君王，是否见到过"悦君天师椅"。万州分水镇境内有一孤峰斜踞，傲于山脉，顶部久受风雨，

图 1.30　悦君天师椅（来源：苟敬 摄）

塑造出一块顽石，底宽上斜，宛如一把太师椅，端坐于高耸的石峰之顶，簇拥于翠屏林海之中（图 1.30）。

悦君天师椅，背依苍翠，面临湖丘。其背后是悦君山主峰，层峦叠嶂，雄峰奇踞，险崖笔竖，虽有风掠而不减其巍，且有云闲而自增其穆；其身前是山麓渐低，峰丛杂错，奇石林立，碧湖含波，瞰芸芸而俯于前，遥轩宇以浩渺。这些君王如果见此，怎不疑惑，除神仙大宗以外，又有何人能安坐于此？

31. 太公山香炉石

太公山是大娄山的一条余脉，香炉石其精确位置是在江津杜市镇湘萍村一个叫麒麟山峰的支脉上。由两块大的怪石重叠，上面大，像碗形，中间小，基脚大，整体看来，就像昔日敬神时烧钱纸用的炉子，因此被称为香炉石（图1.31）。香炉石犹如擎天一柱，看似上重下轻摇摇欲坠，却巍峨雄壮屹立不倒，让你真正感受到大自然的鬼斧神工。从东南西北四角看香炉石的形状是各不相同的。南面看它就像头戴镜帽的炼钢工人，东面看恰似卡通片中的大力神士，正面看则犹如耸立的一柱炉石。从这点上讲，将其取名为香炉石只是"一面"之词。驻足在香炉石下，一阵山风吹来，炉石好像摇摇欲坠，令人心惊肉跳，但很快就是美妙动听的敲磬之声回旋在耳际。

图1.31　太公山香炉石（来源：天涯社区）

32. 金龟朝阳

传说早在远古海洋时期，金佛山一代曾盛产金龟，修炼时日最长的，便是那只由前世朝阳龟转世的大金龟。经过千年修炼，有一日佛祖降临九递山，这只金龟便想返回天庭了，于是穿山而上去觐见佛祖，希望与佛祖一同回到西天。佛祖一见之下，心中动念，但掐指一算，这神龟修行还有千年期限，见这金佛山在阳光下金光灿灿，不愧为修行的好地方，佛祖口念偈语："朝阳神龟，万年同辉！"在神龟回头之际，

图 1.32　金龟朝阳（来源：拿相机的尤）

便化作石像，长留于此，成为雄壮的"金龟朝阳"（图 1.32）。

金龟朝阳位于金佛山绝壁西坡，是一座极具神韵的象形山，在海拔 1 800 ～ 2 100 m 的山脊之上，是西坡绝壁与坡顶形成的缓坡构成的地质奇观。缓坡分为大小两山，大坡恰似椭圆形龟背，极为饱满，小坡较为狭长，似巨龟的头部前探，而绝壁正好构成了龟板的边缘，体形硕大，"龟体"高约 300 m，长约 500 m。每当夕阳西下，斜日余晖映照在绵长的绝壁上，闪射金光。

金龟朝阳既似神龟又似卧佛，就像神龟倚靠着卧佛一样，为"龟倚佛"，谐音为"皈依佛"。有偈语云："藏经云海天开眼，万象归一；话法金山佛点头，众僧皈依。"

33. 睡佛

金佛山，山既是佛，佛既是山。其北坡山体绵延 6 000 多米，犹如一尊天然睡佛横卧山巅，形神兼具，映照出万丈霞光，被誉为天下第一大睡佛（图 1.33），堪称大自然的鬼斧神工，是金佛山最具代表性的山峰景观。北坡山体层峦叠嶂，前后三层山峰连绵起伏，每当夏秋晚晴，落日斜晖把一侧绝壁映染得金碧辉煌。

金佛山的山不仅仅是山，站在远处眺望，你会突然发现它竟是这么神秘莫测、引人入胜。中间一层有一段看起来特别像一尊面部朝上而卧的睡佛侧面，可清楚地看到睡佛的额头、眼眶、鼻子、嘴唇、下巴及颈部。

（a）睡佛侧脸

（b）睡佛全貌

图 1.33　睡佛（来源：中国旅游新闻网）

34. 南坡坐佛

金佛山南坡山石嶙峋，沿途风景秀丽，象形山石密度极大，如笔架、似盆景、若母子、像城堡，最具形象的是大自然的鬼斧神工遗留下的一尊"坐佛"（图1.34）。

这些奇观仿佛是人为所致，其实它们是构造运动及后期岩石溶蚀、风化后造就的产物，是石灰岩地区溶蚀现象形成的特有地质奇观。由于该山体形状端正巍峨，大气凛然，俨然一尊端坐的大佛，故称"坐佛"。金佛山南坡为刚刚开放的景区，

图 1.34　坐佛（来源：中国旅游新闻网）

其山峰绵延挺立，山石嶙峋，是整个景区最为大气磅礴的精华所在。

35. 八斗台

忠县石子乡杨兴村有八座秀美的山峰，因其山峰陡峭，八峰似倒斗状而得名"八斗台"（图 1.35）。这里青山绵延，地貌独特，峡谷幽深，山势陡峭，悬崖断壁，气势磅礴，各显其姿又紧紧相连。

图 1.35　八斗台（来源：王显卿 摄）

在这绵延起伏的群山峻岭之中，有着近万亩面积的原始森林，枝繁叶茂，是避暑吸氧的理想场所。这里分布着错落有致的溶洞，洞内分支道路蜿蜒崎岖，两侧洞壁纹理清晰可见，独具韵味。纯天然形成的石桥，古朴凝重，桥下可以成为人们休闲之地。清凉透顶的龙潭瀑布，溅珠吐玉，给青山增添了一丝灵气。三人环抱的千年不老古松，苍劲厚重，让人慨叹生命之顽强。

36. 石宝寨桌状山

"南天宝玺谪江秋，巧叠精雕十二楼。画作边章携不去，留它为砥镇忠州。"周北溪的这首诗准确地描绘出了号称"中国七大奇异景观"之一的石宝寨的全貌。石宝寨为桌状山碎屑岩地貌，高 30 余米，被誉为"江上明珠"。

整体为一座拔地而起四壁如削的砂岩桌状山（图 1.36）。此巨石相传为女娲补天所遗的一尊五彩石，故称"石宝"，此石形如玉印，又名"玉印山"。由于得天独厚的地貌景观，人们在此修建石宝寨，该寨明末清初、清康熙年间两次修建，有"江上盆景"之美誉。

图 1.36　石宝寨桌状山（来源：忠县手机台）

37. 鸷鹰石

在位于合川与潼南交界的龙多山上有一巨石，形如展翅欲飞的鸷鹰，故得名"鸷鹰石"（图 1.37）。相传西晋永嘉三年（309 年）广汉仙人冯盖罗在龙多山炼丹修道，得道后全家 17 口在此石上飞天成仙，故后人又称此石为"飞仙石"。

（a）鸷鹰石（来源：李扬 摄）

（b）鸷鹰石（局部）（来源：阳畅 摄）

图 1.37 鸷鹰石

历史上的龙多山，就是古代巴、蜀两国的分界线，这个分界线源于一块巨石。从表面上看，这块神秘的巨石甚至显得有些平淡无奇，整个外形呈长方形，表面光滑平坦，但中部断裂分开。这块巨石的奇特之处，就在于其中部断裂分开的裂缝。相传在巴、蜀两国争夺疆域的交战期，山顶的一块坚硬巨石猛然分裂，自上及下，分裂处笔直，仿佛是牵绳刀切而成。此后，两国将这一切归于天意，认为是天神欲使两国割地而治，双方各自退兵，以巨石作为两国的分界线，结束了两国之间兵荒马乱、常年战争的局面。

38. 斗牛石

合川三庙镇白鹤湖畔流传着这样一个传说：远古时代，天上来了一头烈牛，经常到龙波山上的庄稼地里吃庄稼，当地民众苦不堪言。一位名叫秦郎的年轻小伙为降伏烈牛，孤身一人，竟然用绳子将烈牛套住了。秦郎将烈牛拴在一棵大树上，烈牛拼命挣扎，颈子被绳子越勒越紧、越勒越小。烈牛见无法挣脱，情急之下就变成了石头，形成"斗牛石"（图1.38）。

（a）斗牛石近景（来源：阳畅 摄）

（b）斗牛石远景（来源：林雨 摄）

图1.38 斗牛石

斗牛石由上大下小两块奇石重叠而成，高4.3 m，上部直径4.8 m，下部直径0.7 m。用力推有微动的感觉，即使受周边地震影响，村民看见斗牛石左右摇摆，但地震影响过后却依然稳固如初，令人叹为观止。尽管历经上万年风吹雨打与地震考验，该石巍然屹立，稳如泰山，形成全国绝无仅有、堪称一绝的千古奇观。

39. 天成梳妆台

相传远古有灵石两块，从峨眉仙山飞抵永川来苏镇，停留于太平山东端高崖之边，不再离去。二石上下重叠，相叠处，仅有约3个拳头大小的地方作支撑，四周呈悬空状，中间为半月形的凹腔。近观奇石，经风晃摇，悬而不坠；远远眺望，则几疑为风所动，当地人称为"活石头"。又传仙女曾梳妆于活石上，故以"梳妆台"名之（图1.39）。

图1.39 天成梳妆台（来源：永川区文化和旅游发展委员会）

梳妆台三面临悬崖，一面倚绝壁，与太平山山坪相连处仅有几十厘米宽的狭窄通道。沿通道下行，两边即是悬崖，望之令人毛骨悚然。

40. 石铃铛

俗话说，"石不能言最可人"，石头常常是沉默的代名词，它闷声无语，甘于寂寞。但天下之大，无奇不有。在神奇的自然界中，并非所有石头都是如此，偏偏就有这样一种石头，不甘寂寞，喜欢发出响亮的声音。这种石头就是响石（也称"石铃铛"），一种并不为人熟知的石头。

在巴南丰盛镇一带，分布着我国最大的一片响石带。在镇东约 500 m 外的山头上，是一块坡度不大的平常山地，平时并无异样。若等到风起，清风过岭，山上的石头就如受到召唤一般，躁动呼喊起来，发出连绵不绝的声音，时如鸟叫，时如鹰鸣。

巴南的响石（图 1.40）小如蚕豆，大如油橙，它们和其他普通石头混居一处，外观、颜色皆没有区别，因而难以甄别。直到我们将这些石头一块块握在手中，用力摇晃，才能发现它们的特征：要么体内含有颗粒，如同铃铛，由坚硬的外壳包裹着碎石颗粒，当地人称为石响石；要么体内含有液体，如同水杯，当地人称为水响石。

图 1.40　石铃铛（来源：中华古玩网）

响石是地质历史的杰作，这与岩石的成分、环境等都有着不可分割的关系。因含泥质的菱铁矿结核经过雨水淋漓、风化氧化后，菱铁矿矿物成分碳酸铁不断外溢转化为褐铁矿，并在结核外层形成褐铁矿壳，内部泥质因失水而体积缩小，并在泥质体与外壳之间形成空心，所以能在摇晃时发出声响。

（七）洪荒印记

地球 37 亿年生命演化的历史过程给我们留下了数量丰富的化石。我们把这个演化历史称为洪荒时代，那么化石就是洪荒时代的印记。重庆的山水中埋藏着众多神奇的化石，它们是重庆山水经历沧海桑田变化的见证者。

41. 生命的痕迹

2010 年的一个清晨，铁峰山附近的一名中学生在山上发现了一些奇怪的石头，上面布满了条纹。这片石头带长约 2 km，宽约 600 m，可见高度约 30 m。在这些石头带上，同类大小的"虫管"分别集中在一起，整齐而致密地排列着。厚度大约为 6 cm，长度多变，从十几厘米到一米多不等。局部叠加，部分"虫管"延伸于其他管道之上；局部 2 ～ 3 个管道连接为一体，形似千百条蠕虫交叉爬行在岩层之上。2015 年，经过重庆 208 地质队张锋博士等人的鉴定，最终确定这是侏罗纪的虫迹化石（图 1.41）。

图 1.41　虫迹化石（来源：张锋 摄）

　　这种虫迹化石与恐龙足迹一样，都属于遗迹化石，是史前时期的各类生物在其生活活动过程中遗留的各种痕迹和遗物保存下来而形成的化石。由于这种虫迹化石形成条件苛刻、保存要求极高，在某种程度上比重庆的恐龙化石更为罕见。铁峰山虫迹化石是重庆首次发现同时也是最为壮观的侏罗纪虫迹化石，是具有较高观赏、科研价值的地质遗迹。重庆 208 地质队张锋博士等人经过研究发现，这是一种新类型的虫迹化石，并给了它一个名字——铁峰山古藻迹。

42. 史前恐龙足迹

　　重庆不愧为一座建立在恐龙脊背上的城市，不只有世界级的恐龙化石产地云阳，还有目前亚洲发现的年代最早的蜥脚类恐龙足迹——大足邮亭恐龙足迹（图 1.42）。

　　大足邮亭恐龙足迹早在 1987 年就被发现，2001 年，来自中、美、日等恐龙足迹国际考察团又对此处足迹进行了考察，鉴于技术所限，对于保存在 55° 倾角岩壁上的恐龙足迹只能远处观察。该处恐龙足迹形成于距今约 2 亿年的侏罗纪早期，是目前亚洲发现的年代最早的蜥脚类恐龙足迹，对研究早期大型恐龙演化具有重要意义。

图 1.42　恐龙足迹（来源：张锋 摄）

　　该恐龙足迹最为神奇之处在于它属于非常罕见的转弯行迹。更为奇特的是，该处蜥脚类恐龙行迹展示了奇妙的宽间距，并且其中一条行迹呈现明显的急转弯迹象，这是在全国发现的第二例。因为化石保存有非常大的偶然性，所以保存下来的一般都是最常见的一些行为，直走的行迹当然比拐弯的行迹要多得多。

　　目前已发现的多为恐龙直行的足迹化石，只在极少数国家发现有转弯的行迹，比如摩洛哥、瑞士以及西班牙的个别足迹点。因此，该转弯足迹为研究大型蜥脚类恐龙行为学提供了宝贵的资料，并对理解恐龙的运动学有很大的帮助。

43. 石头开花

　　2016 年 10 月，酉阳后坪乡发现了"石花"，即石头上开出了美丽的花朵。后经 208 地质队张锋博士等人赴现场证实，这种"石花"其实是地球上最古老的化石——

图 1.43　叠层石（来源：张锋 摄）

叠层石（图 1.43）。这是由蓝藻等低等微生物的生命活动所引起的周期性矿物质沉淀，沉积物的捕获与胶结作用形成的叠层状生物沉积构造。在地层学研究领域，由于叠层石记录了丰富的地质历史信息而备受关注。目前，叠层石已经作为一种重要的生物钟用来计算远古时期的年月日、地球自转及与月地之间的关系，而且在缺少其他化石的情况下对恢复数亿年前的古地理、古环境与古气候有着重要的价值。

此处叠层石被发现后，张锋等人随即展开了野外调查工作，结果证实，该叠层石形成于 5 亿多年前的寒武纪，广泛分布于酉阳境内，断续绵延达上百千米，局部隆起形成小山丘和数千亩的石林，堪称中国出露面积最大的叠层石之一。

叠层石形成过程中最早吸入二氧化碳并释放氧气，让地球大气氧气含量急剧升高，为后来生命演化的宏大历程打下了基础。可以说，蓝藻改变了地球演化的历史。叠层石在前寒武纪十分发育，而进入寒武纪之后，随着后生动物的崛起而衰落，古生代的化石记录较少。中国寒武纪叠层石主要见于北方，南方仅云南和贵州有零星报道。

44. 史前恐龙世界

美国大片《侏罗纪公园》三部曲让我们见识到了侏罗纪公园的神奇与震撼。但大家知道那些都是虚构的，而在重庆的山中，蕴含着一个名符其实的东方侏罗纪公园，在这里我们可以发现多种多样的侏罗纪恐龙，这就是云阳普安恐龙动物群（图1.44）。

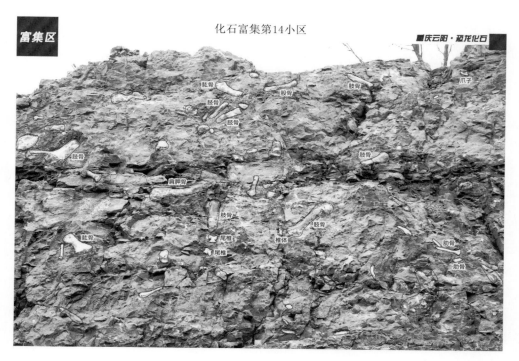

（a）恐龙化石墙

（b）恐龙化石墙远景

图 1.44　云阳普安恐龙动物群（来源：熊璨 摄）

云阳普安发现的恐龙动物群堪称世界级，这里的恐龙化石分布广，化石露头分布范围达 5 km²，世界罕见。经初步鉴定的恐龙种类有蜥脚类、兽脚类、鸟脚类、剑龙类，除了恐龙，还有恐龙同时代的动物水生爬行类蛇颈龙类和龟类化石。而此前在重庆发现的恐龙化石，都是单一地点、单一时代的单一骨架或零散骨头，未有成群的、多种类的恐龙化石集体埋藏在一个地点，而在普安却发现了植食性和肉食性恐龙化石以及其他动物混合埋藏在一起，独具特色。

如今，已经形成了一段长 150 m、深 8 m、平均厚度 2 m 的世界级化石墙。随着化石墙在长度、深度上的继续扩大，有望在普安恐龙化石产地形成一面在世界上规模最大、种类最多的恐龙化石墙。

45. 沉睡的动物王国

万州盐井沟本来是默默无闻的小地方，却因古生物化石变得声名遐迩：一是这里产出了中国最早用于现代古生物学研究和描述的化石，成为中国古生物学的开端；二是这里是我国第四纪哺乳动物化石最为经典的产地之一，是华南"大熊猫—剑齿象动物群"的重要组成部分和典型代表，产出了神奇的东方剑齿象与大熊猫化石（图1.45），此外还有我们熟悉的金丝猴、兔与犀牛等化石。而近期经过 208 地质队古生物学专家野外考察发现，一具完整度超过 90% 的巨貘化石骨架，填补了国内缺少

（a）大熊猫化石

（b）东方剑齿象化石

图 1.45　大熊猫和东方剑齿象化石（来源：张锋 摄）

完整巨貘化石骨架的空白。更值得一提的是，通过对盐井沟的进一步发掘，惊喜不断，挖掘出丰富度和完整度较高的动物化石，如犀牛、牛等。

46. 遗忘的森林

如今，木化石对大家来说已不再陌生与神秘。重庆是一个木化石大市，要说哪里的木化石最为独特，当数綦江国家地质公园。在綦江国家地质公园内有两个集中地点：一是翠屏山木化石群，二是古剑山木化石群（图 1.46）。

翠屏山木化石群位于距城区 2 km 的文龙街道马桑岩采石场与大石板。在 6 万 m² 的采坑内，发现木化石树干、枝条和树块共计 60 余处。经试掘，发掘出规模较大的木化石 8 株，集中分布在约 1 000 m² 范围内，4 株木化石树干尚未完全暴露。最大亮点是其中最长一株直径近 1 m，裸露部分超过 24 m，且仍未见树梢与树根部分，钻孔验证又延伸 2 m，即该株木化石长度超过 26 m，是西南地区最长的木化石，在国内也名列前茅。

图 1.46　木化石（来源：熊璨 摄）

古剑山木化石群位于古剑山大道长约 100 m 的道路边坡上，左侧边坡面积 1 265 m²，产出木化石 46 处；右侧边坡面积 526 m²，产出木化石 61 处，形状多为近椭圆状或近菱形。

这两处木化石经重庆 208 地质队张锋博士等人研究证实，均属于新的地层时代发现的木化石，而且古剑山木化石是四川盆地乃至国内最年轻的侏罗纪木化石。这两处木化石表明，侏罗纪时期四川盆地属于半干旱—干旱气候，且日益炎热。

47. 远古海洋凶猛的捕猎者

如果你漫步在酉阳桃花源广场上，常常会在脚下的石板上看到类似竹笋的东西，这些东西让人觉得既好看又奇特。如今我们已经知道这并不是竹笋，而是一种被称为震旦角石的化石。其实不光在酉阳，在武陵山区黔江、彭水、秀山与石柱都可以

（a）角石化石（来源：熊璨 摄）　　　　（b）古海角石生存环境复原图
　　　　　　　　　　　　　　　　　　　　　　（来源：重庆地质之最）

图 1.47　角石化石及古环境复原图

发现大量的震旦角石（图 1.47）。

　　震旦角石又称"中华角石"，它的外形如同宝塔一样，所以也称"宝塔石""直角石""竹笋石""太极石""塔影石"。该石为古生物化石，外形呈圆锥形，一头尖、一头宽，表面发育有节、竖纹等，将它倒置犹如一座宝塔，其石面有二三十节环状圈纹突起，亦犹似竹笋，如果剖面是横向的，则似一幅太极图。

　　震旦角石其实是一种非常凶猛的肉食动物，壳长可达 2 m 以上，多数在几十厘米至一米之间，是 4 亿多年前名符其实的海洋霸主。它们的头部有环状分布的触手（触足）用以捕食和游泳，因而被古生物学家称为头足类动物，我们看到的其实只是它们剩下的硬体部分。

48. 探秘人类的起源之地

　　关于人类起源问题一直是人类最为关心的谜题。科学家正努力证实亚洲人的祖先 204 万年前就在巫山龙骨坡繁衍生息，并从这里起源。中国发现的人类化石，最早只能上溯到距今 170 万年前的元谋人，我国 20 世纪 80 年代末有关巫山人遗址的重大发现曾一度轰动世界。神秘的巫山人是猿还是人？是不是迄今为止中国最早的直立人？这一直是国际学术界关注的谜。80 年代，我国考古学家黄万波在巫山龙骨坡一洞穴堆积层里，发掘出一颗人类门齿和一段人类下颌骨，颌骨上还带有两颗牙齿。后经美国、英国等科学家用最先进的电子自旋共振法测定，其年代被正式确定为 204 万年前。这一测定结果毫无疑问向世界证实了巫山人是目前亚洲发现的最早的人类（图 1.48）。因此，如果你对人类起源有兴趣，想瞻仰先祖，思考人类演化历史，就一定要去巫山龙骨坡走一趟。

图 1.48　巫山龙骨坡猿人遗址（来源：唐探峰 摄）

49. 繁荣的远古海洋

在重庆巫山巫峡入口矗立着美丽的神女峰，巫峡风光旖旎。而在隆鑫公园的山坡上出露着一处化石密集分布的区域，一直不为人注意。2016 年，重庆 208 地质队在进行巫山地质灾害调查工作时发现了这片区域，有一定古生物学知识的技术人员立刻意识到这是古生物化石。而后立刻开展的初步调查工作，揭开了一个 2.5 亿年前二叠纪生物礁的神秘面纱。

这片生物礁化石（图 1.49）分布在巫峡右侧一悬崖峭壁之上，山顶出露面积巨大，顺坡向分布，从悬崖边向上可追索长度约 100 m，三个山体跨度约 1 000 余米，预计面积超过 10 000 m²。化石层厚度约 5 m，厚度可观。这个生物礁如同今天海洋中的珊瑚礁，富含生物，其中有海绵、藻类、腹足类、蜂巢珊瑚、腕足类、海百合等，

图 1.49　生物礁化石（来源：张锋 摄）

其中很多生物今天已经看不到了。它表明壮丽的长江三峡在亿万年前是一片美丽的浅海。

　　这片生物礁是地球科学科普天然教育课堂，其中蕴藏着精彩的史前海洋王国与长江三峡"沧海桑田"的地质演化故事。该生物礁接近著名的二叠系与三叠系界线（PTB）。很多人都知道，二叠纪末期曾发生地球历史上最大规模的生物大灭绝事件，也一直是科学研究的热点，而研究此生物礁的消亡，对研究此次大灭绝的起因与模式有重要意义。这片生物礁无疑为闻名遐迩的三峡增添了一个科学亮点，也增添了一个旅游亮点，让人们在欣赏自然风光的同时，还可以学习地球科学知识，探寻远古历史。

50. 绽放的远古百合花

　　2010 年，网络上流传着多张城口发现的"昆虫"化石的图片，后经重庆 208 地质队张锋博士等人证实，这些网友们认为外形类似虫子的东西其实并不是昆虫，而是一种叫作海百合的生物。由于海百合长得像百合，因此当初人们就给它起了这么一个好听的名字。后来研究发现，海百合其实是一种古老的无脊椎动物，现今的海洋中依然可以发现它的身影。

经初步调查，城口的海百合生活在4亿多年前的志留纪浅海中，由于保存的原因，海百合原本优美的躯体只留下茎干部分，后来经过沉积作用，形成了色彩斑斓的海百合灰岩，广泛地分布在城口的大山中。海百合灰岩由于美丽的外表，引起了人们的广泛关注。当地已有小型加工场开发出多种多样的海百合艺术产品（图1.50）。当然，这种开发需要有一定的限度。其实，大自然早已为我们开发出了很好的海百合产品。如果你去城口旅游，一定能在山中、河流里看到、捡到海百合茎石头，可以作为纪念品收藏。我们把这种石头命名为巴山百合石。

（a）海百合化石产品

（b）海百合化石

图1.50　海百合化石（来源：张锋 摄）

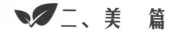

二、美 篇

如今的人们喜欢回归自然，其中最大的原因无疑是欣赏大自然美景带给人们的享受。当你看到特别漂亮的自然风景，拿起相机或用画笔记录下的时候，你也许会好奇这些美景是如何形成的，自然是如何构建出让人由衷赞叹的景观？知其形成的原因也许能给你带来别样的感受。这里我们选取了重庆境内的地质美景来带给读者这种更高级的享受，让人们在欣赏美景的同时，深入了解地质作用如何塑造这些动人心魄的美妙景观。

（一）山石之美

山石之美可谓天地之壮美，这种美是造物主天然的艺术语言，是大自然在地球演变的亿万年岁月中阐述的和谐之美。重庆是山城，境内群峰林立，其中就孕育了数不清的美景。

51. 千野石芽群

"天苍苍，野茫茫。风吹草低见牛羊。"谁说这样的景色只能出现在蒙古高原上？在我们美丽的石柱鱼池镇的万亩草场——千野草场，也能见到这样的草原美景。不同的是，这里的"牛羊"是一个个高低起伏、形态奇特、错落有致的石芽，它们与绿草、火棘、杉树林融为一体，远远望去，有的似在静静吃草，有的如在梳理毛发，还有的像在你追我赶、嬉戏打闹（图 2.1）。

那这些"牛羊"是怎么形成的呢？在很久很久以前，这里还是一片平坦的石灰岩，其特点是容易被水溶蚀。雨水中的二氧化碳与水反应形成碳酸，当雨水降落时，含有碳酸的水会对石灰岩产生强烈的溶蚀作用，水流会带走溶解的物质。久而久之，一个个石芽逐渐分离出来，再经构造抬升、风化作用，就形成了这样一幅壮丽的草原景观。

（a）千野石芽群近景（来源：付云 摄）

（b）千野石芽群远景（来源：熊璨 摄）

图2.1 千野石芽群

52. 红崖赤壁

四川盆地素有"赤色盆地"之称，是我国丹霞地貌分布最集中的地区之一，连绵 20 万 km²，在盆周的山前地带分布着广泛的红色岩石，其形成的崖壁被我们称为丹霞地貌，四面山便是其中的经典。

位于重庆江津南端的四面山的"赤壁丹峡、千瀑千姿"堪称一绝（图2.2）。四面山的山，峻美而有灵性，圆锥形的山峰峰峰相连，山山相靠，如竹笋拔地而起，绵亘百里，故因此得名。同时，四面山集山景、水景、林景和动植物景观于一身，秀山、悬瀑、峭岩、幽林各领风骚。四面山为水平构造中低山倒置地形，地势南高

图2.2 红崖赤壁（来源：熊璨 摄）

北低，最高峰蜈蚣岭海拔 1 709.4 m，最低处海拔 560 m。

由于四面山处于川东南坳陷带，古生代以来一直处于沉降阶段，白垩纪晚期形成山间盆地。盆地周围山地岩石受到强烈的风化剥蚀，提供了丰富的沉积物质，由于当时气候炎热干燥，铁质氧化，使沉积物呈现一片红色。由于岩层产状平缓，垂直裂隙发育，经过漫长的构造抬升，在流水侵蚀、重力崩塌等外力作用下，逐渐就形成了这里壮美的丹霞地貌景观。

53. 红塔山

位于綦江东部的虎山山顶有一座天成大庙，山门上高悬一副对联："天成大庙接雷霆，宏钟惊破万重山"，这既是丹霞地貌自然天成的真实写照，又是自然景观与佛教有机融合的具体反映。整个虎山呈金字塔状（图2.3），这里集丹霞地貌景观之大成，有形象逼真的三轿石，楚楚动人的送夫石，陡峭险峻的虎山绝壁；更有玉瀑飞虹，瀛山峰烟，观音沐水，潮音洞等奇观。

虎山顶部形似被轿夫抬起的三顶轿子，故名"三轿石"，由多个石柱组成，宛若坐落于虎山顶部的城堡，为典型的城堡状丹霞地貌。

构成虎山丹霞地貌的岩石为距今约 7 000 万年前晚白垩纪时期陆相沉积的夹关组红色砂岩，处于褶曲的轴部，产状平缓，垂直裂隙发育，钙泥质胶结不均匀，为虎山丹霞地貌的发育提供了必要的条件，在后期岩石风化、岩石卸荷等外动力地质作用下，便形成了现今壮观的虎山丹霞地貌。

（a）多金字塔山峰构成的红岩坪虎山崖壁（来源：林青山 摄）

（b）由金字塔形山峰构成的砂岩景观（来源：熊璨 摄）

图 2.3　虎山崖壁

54.丹霞长廊

古有"山盘四十八面险，云暗三百六旬秋"之称，今有重庆"红色处女地"之说的老瀛山，坐落于綦江东部石角镇、永城镇和三角镇的交界处，距离县城约10 km，距离重庆不到65 km。其平均海拔约900 m，最高峰马脑山，海拔1 354 m，山脉呈北东—南西走向，面积约20 km²。由数个小山包组成状若城堡的丹霞地貌景观典型而特别（图2.4）。

（a）丹霞长廊近景（来源：熊璨 摄）

（b）丹霞长廊凹崖腔（来源：熊璨 摄）

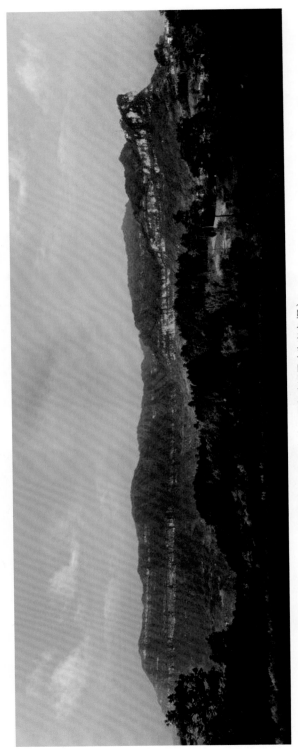

（c）丹霞长廊远景（朱兴宇摄）

图2.4 丹霞长廊

老瀛山绝壁上，因岩石差异风化，粉砂质泥岩被风化侵蚀，在陡崖中下部形成独特的丹霞凹崖腔。据说，明末时期，饱受战乱之苦的村民在凹崖腔里修建防御寨子时，发现这里的地面上有很多类似莲花状的凹坑和印痕（恐龙足迹），因而这个地方又名莲花保寨，享誉中外的綦江恐龙足迹化石就发育于此。

55. 古剑山

古剑山位于重庆綦江西北部，由贵州境内大娄山蜿蜒而来，面积约 100 km²，最高峰鸡公嘴海拔 1 300 m。

古剑山素有"川东小峨眉"之称（图 2.5），常年层峦叠翠，万亩林海郁郁葱葱；石阶陡峭奇险，直挂云天；石笋如擎天一柱，精妙绝伦；阳桥似天外飞虹，蔚为壮观；

（a）古剑山鸡公嘴正面景观
（来源：重庆市地质遗迹调查报告）

（b）古剑山鸡公嘴侧面景观
（来源：重庆市地质遗迹调查报告）

（c）古剑山舍身崖
（来源：綦江区文化和旅游发展委员会）

（d）古剑山云霞
（来源：綦江区文化和旅游发展委员会）

图 2.5　古剑山

舍身崖一泻千丈，使人望而却步；金鸡翘首啼鸣，栩栩如生；大小寺庙香烟袅袅，神秘莫测；众多神佛情态各异，灵光四射……置身其中，宛然如梦，如临仙境。

古剑山为重庆境内典型的丹霞地貌景观，地层为白垩系夹关组红色砂岩，是古剑山丹霞地貌的成景地层，总厚277～451 m。厚层砂岩产状平缓，垂直裂隙发育，钙泥质胶结不均匀，流水侵蚀、重力崩塌等外动力地质作用下，形成了陡峭的红色岩壁。站在山脚望去，巍峨耸立；站在山顶遥望，云遮雾绕，宛如人间仙境，让人流连忘返。

56. 雕岩谷

如果说大自然是一个艺术高超的雕塑家，那么龙吟雕岩谷一定就是它另一件优秀作品。2017年，加拿大蒙特利尔大学工学院教授嵇少丞与重庆大学建筑城规学院教授曾卫联合组织的野外地质考察组，在重庆江津李市镇龙吟村雷打石附近的孔木河发现了一条近2 km长、形态蜿蜒的连续河道，分布有众多形态各异、大小不一的地质奇观，他们称之为"雕岩谷"（图2.6）。

（a）雕岩谷侧壁

（b）雕岩谷底壁

图2.6　雕岩谷（来源：胡以德 摄）

该雕岩谷发育于具交错层理的红色砂岩体上，洞穴彼此贯通，洞穴中能见到形态各异、纹路清晰、抛磨精光的鹅卵石。河道两侧岩壁曲面光滑流畅，如流水般柔美，有明显的漩涡状擦痕。部分曲壁陡岩上生长着苔藓，为其笼上一层绿色的"衣裳"。

雕岩谷的美丽和神奇令人惊叹，由此让人们对它的成因产生了好奇。也许你知道它是季节性洪水冲刷造成的结果，但为何洪水会冲刷出这样神奇的曲面呢？

通常，季节性洪水会携裹着大量的沙粒、石块或卵石，在地表的坑洼处随漩涡做圆周运动，在厚大坚硬的基岩（如石灰岩、砂岩、花岗岩等）底部、侧壁，不断研磨、刻划、撞击，犹如锋利的钻头，不断刨蚀掏空基岩，长年累月，便形成了无数水壶状大小的洞穴，地质学家称之为壶穴。随着壶穴直径、深度不断增大，相邻的壶穴彼此贯通或相互合并，而被刨蚀掏空的碎裂岩块则被洪水带走，由于长时间这样改造河床，河道也因此加深，最终形成具有陡立曲壁的峡谷景观。

在我国，西藏林芝察隅县西部、福建宁德穆云族乡白云山、四川凉山布拖县牛角乡等地也分布着众多绝美的雕岩谷。

57. 红石林

"酉阳明珠卧深山，天下奇观红石林"。位于酉阳麻旺镇加强村与酉水河镇长远村之间，占地约 2 000 亩的红石林，怪石嶙峋，形态各异，千奇百怪，让人惊叹大自然的鬼斧神工（图2.7）。有的石头像骆驼、如海马，有的像鸭嘴兽、如巨龙出江……从高处俯瞰，石林就像一座迷宫，沟壑纵横，通红一片；置身其间，犹如游走在海底世界，行至狭窄处又似一线天，须俯身攀爬。有的村寨修建在红石林上，与石林、古树，构成一幅宁静和谐的"世外桃源"画卷。

图 2.7　红石林（来源：重庆探城记）

酉阳红石林是大约 4.5 亿年前海底沉积大量混合泥砂的碳酸盐物质，经地壳运动和侵蚀、溶蚀作用，呈现出峡谷、溶沟、溶隙、岭脊、槽谷等美丽的地质奇观。据专家推断，因岩石富含三价铁离子，色泽殷红暗紫，有较高的地质研究和观赏价值。

58. 夔门

沿着长江迤逦东去，沿途视野起伏，美景鳞臻，一路行船直下，当行至瞿塘峡西入口一带时，视野突然变小，俨然新换了一番天地。眼见高山临江对峙，高耸入云，紧逼江面，使得江水收束，形成天垂一线、峡劈一门的壮景，仿佛是在山内开了一扇高门，长江则越过门槛一路浩荡东泻。这里便是奉节白帝城的夔门（图 2.8），是长江由四川盆地进入三峡的大门，因其位于瞿塘峡入口，因此古时又称"瞿塘关"。

夔门并非只是印在十元人民币背后的风景画——夔门天下雄，而是只有身临其境才能感受的壮阔。两岸山势陡直、气势巍峨，左岸是高耸的白盐山，右岸是危矗的赤甲山，山高皆千米有余，相距却不及百米，两山比肩对依，若楚汉峙于鸿沟，自有其肃穆之态。仿佛受到了这壮秀山峦的感染，一入此门，江水也沸腾、咆哮起来，

图2.8　夔门远景（来源：李德海 摄）

争先恐后似的奔涌向前，杜甫有"众水会涪万，瞿塘争一门"的句子，说得何其形象。在山水之间是陡峭的悬崖，岩壁绝峭凌空，如刀削斧劈一般，由于长期的风剥雨蚀，岩壁上附着了许多风化物质，从而形成了别样的美景：北面岩壁黏附了含钙质的风化物，远观之下如白盐一般；南面岩壁黏附了含氧化铁的风化物，远观之下一片丹红，如人袒背。当晨旭东出，映照在白盐、赤甲之上，使其熠熠生辉，十分美丽。

59. 旱夔门

世人皆知夔门之雄于天下，却鲜有人知旱夔门之奇伟。夔门有山险崖陡、万水夺门之势，自然难以为人所忽视，更重要的是，它巧居长江水道，历来过客匆匆，文笔流远，更是彰显其美名。相比之下，旱夔门则多显寂邈，鲜有人问津（图2.9）。

其实，位于奉节荆竹乡椅子村的旱夔门距离夔门并不远，仅从夔门向南不到50 km 的行程，但它并不在岸边屹立，而是在群山中深藏，因此难以为世人所熟识。旱夔门由两处如刀削般的 600 多米绝壁构成，两山之间形成一道 400 多米宽的天然大石门，其险峻堪比长江三峡之首的夔门。沿着盘山公路一路南去，眼见着大地凹陷，只在远处有两面白璧一样的山墙对立，在山墙之间则是一道峡缝，垂天居奇，看到这样的景色，就说明你已经到了旱夔门的跟前。论起雄奇，它并不差夔门分毫，虽

（a）云雾中的旱夔门（来源：奉节县摄影家协会）

（b）旱夔门（来源：苟敬 摄）

图 2.9　旱夔门

无白盐、赤甲对峙左右，却有绝崖峻壁更显巍峨；虽无大江东泻，却反因干涸而更
显神奇。因为江水侵蚀，以得夔门，旱夔门下无江河，亦有雄岸，使人不得不好奇
其成因。

　　其实，旱夔门的形成同样离不开水，是在水流长年累月的侵蚀下形成的，它与
夔门的差别在于，夔门脚下长江依旧，旱夔门身前，则是一片干涸。塑造旱夔门的
是一条已经消失的暗河，暗河深埋地下，不断掏蚀群山，得以形成现在的旱夔门，
而后由于水量减少，暗河也逐渐消失，只余下了旱夔门的身影。

60. 巫峡十二峰

传说很久很久以前，在现今的巫山长江巫峡南岸翠屏峰下的青石洞里住着为祸一方的十二条恶龙，当地百姓苦不堪言。有一天，西王母的小女儿瑶姬自东海云游而归路过此地，恰巧看到恶龙们正在作恶，一怒之下，降下诸天神雷将恶龙们炸得支离破碎，恶龙的尸骨堆积成一座座崇山峻岭堵塞河道，眼看就要淹没大地。瑶姬在西王母的帮助下，邀请十一位姐姐下凡全力支持大禹治水，疏通了积水，从此，四川变成物产丰富的"天府之国"。然而，事情还没结束，因恶龙骸骨形成了暗礁，导致水域十分危险，包括瑶姬在内的一众仙女自愿留在凡间，化作十二座山峰，耸立在幽深秀美的巫峡两岸，为船工们导航。这就是巫峡十二峰的神话传说。

巫峡十二峰分别为登龙峰、圣泉峰、朝云峰、神女峰、松峦峰、集仙峰、净坛峰、起云峰、飞凤峰、上升峰、翠屏峰和聚鹤峰（图 2.10）。

登龙峰：其山之高处，似一个昂首的龙头，龙头后的山势，又如起伏的龙身，逶迤三十里，气势雄伟，层叠而起，像一条长龙跃跃欲飞，欲上九天。

圣泉峰：群山之中有一个形若狮状的山头，山头前有一块银白色的光洁岩石，如同一块银牌挂在"雄狮"的颈上，当地人称之为"狮子挂银牌"。峰下有一股长流不断的清泉，其味甘美清冽。泉随山势而下，好看之极。山以泉名，称为"圣泉峰"。

朝云峰：每天清晨，日出之前，峰顶氤氲缥缈；日出之时，彩云环绕，时聚时散，变幻出各种图景，仿佛仙山一般，因而得名"朝云峰"。最妙的是云光彩霞，可领略到"除却巫山不是云"的神奇景色。

神女峰：神女峰传说是瑶姬仙子的化身，是最有诗意的一座峰。峰顶内侧兀立着一个人形般的石柱，高 6.4 m，宛如一位婀娜多姿、亭亭玉立的少女，她明如秋水的眼睛，在那里望断长江、迎送舟帆，在巫山云雾缭绕中，更显得神奇而美丽。

松峦峰：紧挨神女峰东侧，峰顶呈圆形，苍松环盖，枝叶茂盛，形状像帽盒。又称帽盒峰。松峦峰以松盖峦得名，昔日古松遍地，莽莽苍苍，一片林海。每遇山风起，林涛阵阵，如潮如浪。人入其中，犹如置身惊涛骇浪的大海。若遇明月当空，松林静穆，归鸟倦睡，又有一番恬静的悠闲，如登仙界。

（a）巫峡十二峰下的长江

（b）神女峰

（c）巫峡十二峰全貌

图 2.10　巫峡十二峰（来源：巫山县文化和旅游发展委员会）

集仙峰：峰高峥嵘，石林环绕，极像九天众仙相聚之状，故名集仙峰。又因峰顶自然分开一叉，恰似一把张开的剪刀，又称剪刀峰。

净坛峰：万壑群山之间，一峰独秀而立，高数百丈，周长不过千米。山峰犹如一个静坐神坛之上默诵佛经的仙人。峰下有一泓清潭，水波微微，清冽甘甜，峰上有一个大平台，很像一处洁净的祭坛放在龙宫之上，取名净坛峰。

起云峰：常年云雾缭绕，云雾常从山腰由下而上渐次腾起，变幻无穷，是观云海雾山的好去处。

飞凤峰：山势从西向东延伸，形如一只凌空翱翔的飞凤，直下江中饮水，因而得名飞凤峰。

上升峰：山势险峻峭拔，尖峰高突，巍然屹立。其一角斜上，飘飘欲飞，直上云霄，犹如巨鸟飞升九天，因此得名上升峰。又因峰形似鲲鹏展翅，扶摇直上，当地百姓又称其为老鹰岩。

翠屏峰：山峰突起于缓缓山坡之下，漫山苍翠，郁郁葱葱，超然卓立，形如一道绿色的大屏风，因此得名翠屏峰。

聚鹤峰：峰顶怪石嵯峨，四时松杉茂密，常青不败。传说夜间有千百只白鹤聚集在此峰，故取名聚鹤峰。

61. 屏风石林

云雾山历来都以其土家族文化为人所知，而在云雾山南麓，却有这样一处所在，环抱于青山之中，秀美于尘嚣之外，它是由连绵起伏的怪石组成的美景，流连其中给人别样的感受。这处美景就是屏风石林（图2.11）。

图 2.11　屏风石林（来源：苟敬 摄）

屏风石林坐落于奉节云雾土家族乡屏峰村一带，如果你以为这就是它名字的由来，那么你就完全错了。沿着小道一直前行，你会见到一面巨石，各具异状，彼此并立，宛如一堵高墙，堵住前路，又如一面屏风，弯折错依，其实这才是它名字的来源。

推开"屏风"，折门入内，各处也是错立的奇石，它们都在以自己迥异的外貌，向人诉说着喀斯特地貌的传奇，并静候着懂得它们的人前去阅读。有叠石呈塔者，静受风蚀；有圆石端坐，欲化神猴；有异形外突者，恰如鹰鼻；有三五簇立者，悠然闲适。

62.万盛石林

云南石林是中国第一大石林景观。去云南旅游的朋友都知道，云南石林是云南热点景区之一，让人百看不厌。好奇的朋友会问，中国第二大石林位于哪里呢？今天，笔者向大家介绍中国第二大石林景观——重庆万盛石林，位于重庆南部万盛石林镇境内。据考证，该石林是我国目前最为古老的石林，被喻为"石林之祖"。石林处于侵蚀溶蚀中低山区，地貌形态属峰丛谷地，海拔 $800 \sim 1\,200$ m，分布面积 2.4 km^2。

万盛石林形态多样，主要有石塔、石芽、石墙、石柱、石扇等，与之相伴的还有溶蚀洼地与溶蚀盆地、溶蚀峡谷、溶洞等（图 2.12），形态各异，形状似人似物、

图 2.12　石林景观（来源：阳畅 摄）

惟妙惟肖。其中，石扇、石龟、石墓、石峡、石鼓、石塔和古生物化石、当地民俗文化——轿歌被誉为万盛石林"八绝"。茂密的森林中，掩藏着千奇百怪的石林石峰，"石林中有森林，森林中有石林"。石林石峰上长满岩藤植物和各种形态奇特的树木，碗口粗的千年古藤从数十米的石峰顶端悬垂至地，形成"林中有石，石上有树，树石共生"的天下奇观，恰似一座座巨大的天然盆景，被誉为"绿色石林"。

这些千奇百怪的石林是如何形成的呢？据考证，石林园区出露地层为奥陶系中统宝塔组薄层泥质灰岩，该层灰岩中发育典型的龟裂纹构造，形成时间大约为 4.6 亿年前。大海中的碳酸盐岩在经受多期次的构造运动后，藏在海底的岩层被渐渐抬高并露出水面，与此同时，岩层受构造应力的影响，产生裂隙。这些岩石与含有二氧化碳和酸性的雨水产生化学反应，经过几十万年的溶蚀、冲刷、风化，形成溶蚀沟，最终整块的岩体分离，形成石芽、石柱、石门、石峰这样千奇百怪的石头奇观。石林形成后，由于岩层倾斜角度较小，近似水平，力学性质稳定，不易倒塌，因此形成了现今的石林。

63. 金佛山

金佛山，当你听到这个名字的时候，脑海中是否闪现出一座会发金光的山？世间真有这么一座山吗？没错，重庆真有这么一座神奇之山。它位于黔渝边界的重庆南川境内，是世界自然遗产之地、国家 5A 级旅游景区。每当夏秋晚晴，我们站在金佛山北麓远眺，落日斜晖把层层山崖映染得金碧辉煌，如一尊金身大佛交射出万道霞光，异常壮观，金佛山也因此而得名（图 2.13）。

图 2.13　金佛山（来源：中国旅游新闻网）

那么，金佛是怎么形成的呢？这与山体独特的地貌形态有着密切关系。和常见的山体不同，金佛山的山顶甚为平缓，水平延伸 50 多千米、高达数百米的两级石灰岩陡崖将山顶圈闭起来。纵使山顶和山麓的海拔高差约 1 900 m，整座山也没有异峰突起的形象，犹如一张硕大的方桌，摆放在云贵高原和四川盆地的过渡地带。2013年 1 月 9 日，中国科学院院士袁道先和国际喀斯特权威专家保罗·威廉姆斯等专家将其定性为喀斯特桌状山，形象地体现出金佛山顶平崖陡、巍然耸立的恢宏气势。

由于这一地貌形态在全球范围内都极为少见，金佛山自然成了其典型代表，展现出与我国南方锥状、剑状、塔状和峡谷—天坑喀斯特等截然不同的景观。

（二）河湖之美

河流和湖泊是自然生态重要的组成部分，是自然界中水的重要代表。重庆有山也有水，重庆人有依山傍水而居的习惯，而河湖之水不但是重庆人生存必不可少的部分，也同时造就了很多美景，带给人们美的享受。

64. 小南海

时光回溯到清咸丰六年（1856年），黔江小南海地区发生6.25级地震，当时地震的震撼场景我们已无法重现，但2008年5月12日，发生在四川汶川的大地震，可以让我们想象当时的情景。人类乐观向上的精神让我们在承受大自然带来的痛苦后，也能积极发现和享受自然灾害后的另类唯美。

那绝对是一种惊心动魄的美，让人难以忘怀。它就是位于重庆黔江美丽的高山湖泊——小南海地震遗址，一个融山、湖、岛、峡诸多风光于一体的高山淡水堰塞湖泊，也是国内迄今原始风貌保存最完整的一处古地震湖泊遗址（图2.14）。

小南海地震遗址

小南海湖光山色

图 2.14　小南海（来源：黔江区旅游发展委员会）

时至今日，湖口坐观断岩绝壁之下滚石密布，巨石林立，不禁让人震撼地震之伟力，如鬼斧神工般留给我们一幅充满原始洪荒力量的画作。扬舟湖内环视，汊港纵横，扁舟渔影，穿梭于碧波之上；山清水秀，鸥鹭齐飞，粼光荡漾，闪烁于湖天之间。春夏秋冬，各有奇观；晨昏晴雨，幻化无穷。我们在感叹洪荒力量之余，亦尽享自然之美。

65. 乌江画廊

乌江画廊"山似斧劈、水如碧玉、虬枝盘旋、水鸟嬉翔"，"奇山、怪石、碧水、险滩、古镇、廊桥、纤道、悬葬"构成了乌江百里画廊的景观要素（图 2.15）。清代诗人梅若翁赞叹，蜀中山水奇，应推此第一。

乌江在沿河境内到重庆酉阳境内形成 100 km 的天然山水画廊。夹石峡、黎芝峡、银童峡、土坨峡、王坨峡这 5 个峡长达 89 km，峡谷风光自成一体，有"乌江百里画廊"之称。两岸翠绿葱郁，重峦叠嶂，奇峰对峙，各显神姿。乌江诸峡既和谐统一，又各具特色。夹石峡高山齐云，蓝天一线，峡风呼啸，江涛逼人；黎芝峡妩媚多姿，美女峰、天门石、草帽石、佛指山神情酷似，景观多而奇美，为诸峡之冠；银童峡顽皮刁钻，左右高山不时横截江面，峰回路转，山重水复，船行其间如进迷宫，令人迷惘；土坨峡，山高、水深、谷幽，奇峰峻岭间，有成片竹林，参天古树，群兽竞美，百鸟争鸣；王坨峡江面时宽时窄，水流时急时缓，两岸林木葱郁，山环若屏，绚丽多姿。

图 2.15　乌江画廊（来源：酉阳县文化和旅游发展委员会）

66. 阿依河

　　彭水是重庆境内少数民族自治县之一。一条秀丽优美的河流犹如仙女的绿带在彭水的大山中飘过，时而柔美，时而浩荡，川流不息，养育了两岸的苗族、土家族人民。苗家人把善良、美丽、聪慧的女子称为"娇阿依"，因此，流经彭水的这条河流当地人取名"阿依河"（图2.16）。阿依河两岸，融山、水、林、泉、峡于一体，集雄、奇、险、秀、幽于一身。

　　其峡深谷高，河床狭窄，礁石遍布，河水清幽而景色绝美，人行其中或泛舟江上，仿佛置身陶渊明笔下的桃花源或美妙的天堂，乐而忘返。偶遇小舟上娇羞的苗族、

图2.16　阿依河（来源：华龙网）

土家族姑娘，撑着油纸伞在江中漫游，仿佛邂逅了今生的绝世佳人，久久不能回头。

从舟子沱乘舟而下，沿途可见各种各样的峡谷地貌：有状若擎天的石笋、庄严的石佛、深不可测的溶洞、貌似罗汉的石笋。整个阿依河彭水河段水体资源极为丰富，其中尤以七里塘河段和儿塘河河段的水体景观最为独特，江面绿水清幽，两岸翠竹环绕。

67. 合川双龙湖

合川双龙湖，因大坝附近的水面蜿蜒逶迤，形似"双龙抢宝"，故名双龙湖（图2.17）。湖面宽处山水一色，野鸭成群，白鹤展翅，禽鸟纵飞；窄处幽深碧透，迂回曲折，引人入胜。自然风光旖旎，丘陵低山峰峦起伏，田园风光恬静幽雅，山、

图2.17　双龙湖

水、林、洞、岩融为一体，构成了众多自然景观。由于部分地带的断崖地貌，形成了许多天然景点：如懒龙石、虎石洞、鹰咀岩等，使人恍然进入一个奇异的童话世界。懒龙石如伏地鼾睡的巨龙，鹰咀岩似俯视猎物的雄鹰；壁立湖面的深崖上因风化形成了各种图案，宛如天然画廊。螺丝堡、铜鼓山、二龙戏珠也都因其象形而得名。北端的响水岩瀑布和西端的三块石瀑布，虽然没有大型瀑布那种龙吟虎啸、银河天降的气势，却也有幽谷深涧、回声十里的情趣。

（三）瀑布之美

瀑布无疑都是美的，古今赞美瀑布的文学题材举不胜举。地质学上，瀑布叫跌水，即河水在流经断层、陡坎、凹陷等地区时垂直地从高空跌落的现象。因此瀑布形成需要有水流及使水流产生落差的环境。重庆境内就有很多地方具备这样的条件，而且地形陡峭、水流量大，形成了壮观美丽的瀑布。

68. 天坑瀑布

"飞流直下三千尺，疑是银河落九天"，如今不用到江西庐山，重庆丰都都督乡施家嵌天坑瀑布也能让您亲身体会当初诗仙李白的意境。

施家嵌天坑瀑布，是目前重庆发现最高的瀑布，垂直落差 183 m，这是当地喀斯特地貌发育出深沟高壑的典型产物（图 2.18）。瀑布之水像巨龙吐水一般从山肩流下，直冲坑底，由于高落差，加上水流集中，瀑水落到谷底之后，腾起了近百米的水雾，瀑布之水就像坠入云雾之中，颇有"黄河之水天上来"的感觉。如果天晴，接近中午时瀑布腾起的水雾之中，还会出现彩虹，让瀑布在阳光下呈七彩之色，这在"天坑"较多的重庆，也是独一无二的，天坑瀑布也因此赢得了"七彩瀑布"的称号。

令人称奇的是，天坑瀑布犹如花果山水帘洞般，在天坑底部还暗藏洞天福地——玉龙洞。洞高 20 m，宽 36 m，当地人又称月亮洞。溶洞洞厅大，洞内钟乳石雪白、大气，石膏花美轮美奂，众多形态各异的"古佛像"，里面还有全国唯一的溶洞古寨——独清寨。古寨依险势地形修建，犹如洞天福地。

（a）平视天坑瀑布

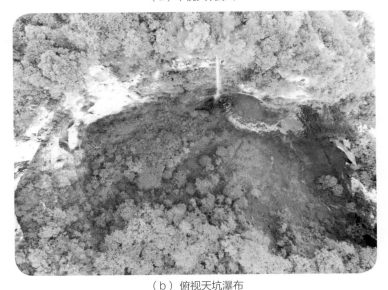

（b）俯视天坑瀑布

图 2.18　天坑瀑布（来源：王显卿 摄）

69.万州大瀑布

三国时期吴将甘宁素有"江表之猛臣"的美称，以八百骑劫曹营而名震天下。而在甘宁的故乡万州甘宁镇边上，则有万州大瀑布，奔腾肆意、恢宏庞大，也不知是甘宁受染于瀑布，还是瀑布受染于甘宁。

万州大瀑布，宽 151 m，高 64.5 m，面积 9 739.5 m^2，是亚洲第一大瀑布，比黄果树瀑布宽19 m，也是亚洲第一宽瀑布（图2.19）。蕴于巴山渝水之间，水垂壮丽、岩垒危峻、翠拥缠绵。晴天仰望，可见瀑前彩虹斜跨；雨中前瞻，可见水雾共丝雨氤氲；两壁岩崖，有栈道迤逦，宛如游龙盘戏峭壁之上；瀑布之后，有洞府深藏其中，在洞内观瀑，可见水帘茫茫、迷雾漫漫，另有一番景象。

图2.19　万州大瀑布（来源：郑大江 摄）

70. 望乡台瀑布

一缕银柱，万道虹光。

紫气袅娆，斥责苍茫。

高台之巅，重复千万次诀别的回望！

蹂躏着不舍的情愫。

渴望着来生互识的向往。

　　这是华轩居士所著的《望乡台》。望乡台瀑布位于江津四面山东部茶坝河中段，瀑布高 158 m，宽 48 m，高度是黄果树瀑布的一倍多，为世界第三高的单叠瀑布（图 2.20）。瀑布为一级瀑布，由于落差大，如天河倒挂，声闻数里，被誉为华夏第一高瀑。望乡台瀑布的绝妙之处不仅在于飞瀑高出九天外，水声如雷，震山撼谷，更在于晴朗之日，经阳光折射，赤橙黄绿青蓝紫的彩虹融入飞瀑，在山谷间架起一座令人神往的彩虹桥。只要是夏季晴朗之日，每天上午九点到十一点，望乡台瀑布彩虹几乎都会准时出现，堪称一绝。

（a）瀑布远景（来源：熊璨 摄）

（b）瀑布近景（来源：王显卿 摄）

（c）瀑布近景（来源：新华网）

图 2.20　望乡台瀑布

71. 龙岩瀑布

龙岩瀑布又名马尿水瀑布，位于南川金佛山龙岩景区石板沟景点之南，瀑布高约 200 m，宽约 10 m，从坡顶飞泻而下，系龙岩河源头（图 2.21）。

该瀑布四季不竭，水小时如一条白练从天而降，水大时如巨柱擎天，直插苍穹，如闪电劈空，格外醒目，让人不由自主地想起李白的诗句："飞流直下三千尺，疑是银河落九天。"瀑布溅起的水雾潮湿而清新，飘落在下方的谷底，洒落在游人身上，令人神清气爽。太阳从云层露出来，阳光折射到水雾上，刹那间，一道绚丽的彩虹挂在了雪白的瀑布前，美不胜收，使人仿佛身处仙境之中。若遇谷风倒卷，水雾翻飞，好似水流高过岩口，形成水往高处流的奇观。

（a）龙岩瀑布近景（来源：南川日报）

（b）龙岩瀑布远景（来源：新浪看点 -陌陌得螃蟹）

图 2.21　龙岩瀑布

72. 金山云瀑

南川金佛山最壮观的云海不是日出而是日落。每到冬季，龙崖城门口都会出现金山云瀑（图 2.22）。天气纵容了这座大山的性情，也赋予她多变的外表，霞、雾、雨、雪、风，风情各不同。其中，最难以捉摸，也最幻化缥缈的，是金佛山云海，这是金佛山喀斯特地貌形成的特有景象。

图 2.22　金山云瀑（来源：重庆日报）

每当雨后初晴，或霁雨初歇，云雾总是不期而至。金佛山层峦叠嶂，许多林间沟壑与树木丛生的地方，终年见不到阳光，水分得不到蒸发，使得湿度越来越大，水汽也随之增多，进而形成了瑰丽奇诡的云海。

金佛山最壮观的云海在日落时分，这是南川摄影爱好者都知道而游客却不知道的秘密。金山云瀑需在特定的条件下才能一饱眼福。人们总结了一下，看金山云瀑需要两个条件：一是在清晨有太阳，湿度在90%以上，才能形成大雾；二是要在冬季，山上有积雪，才能反射出金色。

（四）峡谷之美

峡谷是深度大于宽度、谷坡陡峻的谷地，世界上存在很多知名的峡谷，重庆亦不乏美不胜收的峡谷，有的峡谷奇峰嶙峋，争相崛起；有的峡谷峰峦叠嶂，磅礴神奇；还有的峡谷蜿蜒曲折，峰回路转……真是步步有景，举目成趣，叫人称绝。

73. 巫峡

"曾经沧海难为水，除却巫山不是云"，两句千古流传的唐诗除了人文情怀，还道出了巫山的地质历史。巫峡乃至整个三峡在2亿多年前的确是一片大海，200万年前东西长江切穿巫山完成贯通会师，最终形成了壮丽的三峡，巫峡十二峰出现了。今天的巫峡位于重庆巫山与湖北巴东之间，全长42 km，"三峡七百里，惟言巫峡长"，山高入云，擅奇天下。巴东属段22 km，西起边域溪，东至官渡口镇，古称巴峡（图2.23）。

巫山十二峰分别坐落在巫峡的南北两岸，是巫峡最著名的风景点。它们直插云霄，壁立千仞，下临不测，直插江底；峡中云雾轻盈舒卷，飘荡缭绕，变幻莫测，为它们平添了几分绰约的风姿；而流传至今的种种美丽的神话传说，更增添了奇异浪漫的诗情。

巫峡名胜古迹众多，除有十二峰外，还有陆游古洞、大禹授书台、神女庙遗址、孔明石碑以及那悬崖绝壁上的夔巫栈道、渝鄂边界边域溪及"楚蜀鸿沟"题刻，还有那刻在江岸岩石上的累累纤痕等，无不充满诗情画意，滋润了历代迁客骚人的生

图 2.23　巫峡（来源：巫山县文化和旅游发展委员会）

花妙笔，留下了众多诗篇。

巫峡谷深狭长，日照时短，峡中湿气蒸郁不散，容易成云致雾。云雾千姿万态，有的似飞马走龙，有的擦地蠕动，有的像瀑布一样垂挂绝壁，有时又聚成滔滔云纱，在阳光的照耀下，形成巫峡佛光，古人也因此留下了无数的诗篇绝唱。

三峡水库到达 175 m 以后，巫峡水位仅提高 80 m，对幽深秀丽的峡谷风光没有太大的影响，相反有杉木壤溪、神女溪等更幽深的峡谷景观可以开发，给游览巫峡增添了更多的奇情野趣。

74. 小三峡与小小三峡

三峡是 200 万年前，东西长江切穿巫山后贯通形成的，而小三峡也是在此时形成的。虽然形成的时间一致，形成的方式也大致相同，但造成的结果却不尽相同。三峡徐徐地向世人展开了一幅"山奇雄、水奇清、峰奇秀、滩奇险、景奇幽、石奇美"的"天下奇峡"之美景。与长江三峡的宏伟壮观、雄奇险峻相比，小三峡显得秀丽别致，精巧典雅，故人们赞誉小三峡可谓"不是三峡，胜似三峡"，在此能同时领略幽深、碧水、山野、峡石、古风之趣（图 2.24）。

龙门峡之雄，峭壁如削，天开一线，峡口两山对峙，状若一门，被三峡旅游者亲切地赞为小夔门。

巴雾峡之奇，峡中山高谷深，云雾迷蒙，钟乳密布，千奇万状，怪石嶙峋，妙趣横生。真可谓石出疑无路，拐弯别有天。有"龙进山""马归山"等奇观。

滴翠峡幽深秀丽，群峰竞秀，林木葱葱，瀑布凌空，两岸滴翠，有水尽飞泉，

图2.24　小三峡（来源：吴滨 摄）

无峰不峭壁，有"无限秀美处，最是滴翠峡"之美誉。

除了小三峡以外，还有小小三峡。奇峰多姿、山水相映、风光旖旎，两岸悬崖对峙，壁立千仞，河道狭窄，天开一线，透露出遮挡不住的山野诱惑。山岩上倒垂的钟乳石奇形怪状，散发着原始古朴的气息。舟行其间，夹岸风光无限，满目苍翠，甚为美观，令人陶醉在返璞归真、拥抱自然的情趣之中。

巫山小小三峡同时被誉为全国最佳漂流区，有惊无险地回归大自然参与式漂流——被称为"中国第一漂"。

75. 城市峡谷

曾经风靡一时的电影《阿凡达》，想必大家还记忆犹新，电影里描绘的梦幻奇特的自然景观至今让人难以忘怀，人们都梦想着要是能够身临其境该有多完美。伙伴们，不用遗憾，在重庆黔江就有这么一处奇特之地，能让你体会到那种期待已久的交融感，它就是黔江芭拉胡景区（图2.25）。

芭拉胡景区又名城市峡谷，芭拉胡土家语意为"峡谷"，浓缩了黔江的山水和文化，是中国唯一的城市大峡谷。这是地质作用留给城市的最大礼物。大峡谷中散布着喀斯特奇特的地貌、蜿蜒旋转的水流、幽深迷人的峡谷、世界罕见的砾岩溶洞群，形成了"城在峡谷上，峡谷城中央"的全球罕见、亚洲唯一的独特城市景观。此地登

图 2.25　芭拉胡景区（来源：黔江区旅游发展委员会）

上"神坛"，被封为"中国最有灵气的地方之一"，让你亲身体会"阿凡达"之仙境。

76. 神龟峡

神龟峡是阿蓬江峡谷景观最为优美的河段，全长 38.9 km，峡口距黔江城区 44 km，是"黔江国家森林公园"的重要组成部分。

神龟峡因峡口两山酷似双龟对卧而得名（图 2.26）。相传此双龟乃雌雄，为八仙吕洞宾的坐骑。因吕洞宾奉旨从中原到南洋一路安置民寨，途经现今的神龟峡时，被眼前的美景所吸引，同时又被当地百姓的贫困所震撼，于是留下二龟体察民情，造福百姓。二龟不负众望，圆满完成任务，最后在此归隐山林，颐养天年。

神龟峡两岸高山绝壁，近乎与世隔绝。这是阿蓬江形成以来地壳不断抬升，河谷不断下切的杰作，而且这个运动还在不断进行当中。峡区河道斗折蛇形，沿途绝壁夹江，盈盈一水。峡谷由神门峡、天门峡、人门峡三段组成。全程有 27 道弯、28 个门（即一线天），其弯道之多，实属罕见，两岸茂林修竹，植被原始古朴，猴獐出没，悬棺挂壁，生态优美，以饱水嶂谷、慈竹画廊、生物钟乳、洞瀑景观尤为突出，融古、深、长、曲、幽、险、神、奇、山、水、石、竹、林于一体，是盛夏纳凉、峡谷探险的绝佳去处。

图2.26　神龟峡（来源：黔江区旅游发展委员会）

77. 武陵山大裂谷

"外面的世界很大，我想去看看"，"城市套路深，我想回农村"，网络上这些流行元素从侧面说明如今的都市群体需要一个心灵的出处，一个能让自己身心愉悦和放松的去处。来吧，位于重庆涪陵的武陵山大裂谷将会带你进行心灵的飞翔。

武陵山大裂谷谷内山峰、台地、沟谷等景观高低错落，层次丰富，海拔从600～1980 m，谷底至峰巅间的落差达700多米，山势奇峻多姿，极具壮观之美，有"中国第一动感峡谷"之美誉（图2.27）。

立身峡谷内，闭眼呼吸，尽感每立方厘米10万负氧离子的清新惬意；仰望即是雄阔壮美、气势磅礴的峭壁、奇峰，峭壁如削，其状如薄刀，连绵几千米；前视入眼即是细长幽深的裂谷地缝，其间河谷迂回婉转、幽深迷离，谷底奇石叠至、溪流淙淙，美景冠绝天下。

峡谷内最著名景点："铜墙铁壁"，形成于2.5亿年前，被《国家地理杂志》评为"全国100个最佳拍摄点"；青天峡地缝，世界上平均宽度最窄最长的地缝；万丈坑，全国第二深竖洞；老君洞瀑布，全国已发现的暗河瀑布之最。

（a）峡谷底部 —— 一线天

（b）峡谷远景

（c）峡谷远景

图 2.27　武陵山大裂谷（来源：华龙网）

78. 黑山谷

黑山谷又称鲤鱼河峡谷景区，有着中国最美养生峡谷之称，位于万盛东南部的黑山镇，北起朱家河坝，南至寨子岩东，核心景区规划面积为 14.79 km²。该峡谷为什么叫"黑山"呢？这是因为山中植被茂密，远远望去，整座山脉黑压压一片，故名黑山。

著名的渝黔大裂谷切穿整个景区，沿断层破碎带形成鲤鱼河，景区地表不断抬升，

（a）穿越峡谷 　　　　　　　　　　　　　（b）穿越峡谷

（c）峡谷之秋

图 2.28　黑山谷（来源：綦江区旅游发展委员会）

河流不断下切、侵蚀、溶蚀，形成"V"形峡谷。黑山谷峡谷全长13 km，谷深150 m左右，峡谷宽、窄不一，最宽处20～30 m，最窄处1.5 m，横断面大多呈"V"形，延伸方向大致近南北，两岸悬崖峭壁，谷顶与谷底高差约400 m。

黑山谷集山、水、泉、林、洞于一谷，融奇、险、峻、秀、幽于一体，拥有峻岭、峰林、幽峡、峭壁、森林、竹海、飞瀑、流水、溶洞、栈道、浮桥等各具特色的景点（图2.28）。山钟灵，水毓秀，秀美多姿的山水，使黑山谷始终充满灵动之感。黑山谷四季的感受可用四个词来概括——高山流水，林泉知音，乐而忘返，返璞归真。

79. 芙蓉江大峡谷

"闺藏深山人未识，一朝闻名天下惊。水送山迎入芙蓉，一川游兴画图中。"这是人们对芙蓉江大峡谷发自肺腑的赞美。

芙蓉江大峡谷湖水绿如玉，清见底，静不见水纹，怒可掀磐石；水面印山峰，群鱼弋浅底，筏舟江上，馨风扫面，或潜入水中，洗却都市凡尘；芙蓉江的峡谷，陡直威严，是典型的"V"字峡谷。原始植被密植两岸，泉水瀑布高挂飞流，令峡谷显出一个"秀"字来。芙蓉江的山峰，奇特伟岸，酷似伟人，或单立如笋，直入云峰，叫人思绪万千。

（a）峡谷之秀、幽

（b）霞光映谷

图 2.29　芙蓉江大峡谷（来源：武隆区旅游发展委员会）

江峡、峰岩、滩溪、瀑潭，景景各异，自然风光尤其独特，融山、水、洞、林、泉、峡于一体，集雄、奇、险、秀、幽、绝于一身（图 2.29）。

（五）溶洞之美

谈到溶洞之美，不仅在于其形态万千，还在于其形成过程之神奇，那一滴滴水经过长年累月的沉淀"修炼"，才成就了迷幻斑斓的地下世界。溶洞美景别有洞天，而天下没有相同的溶洞，重庆境内就有各不相同的优美溶洞家族。

80. 晶花洞

位于酉阳板溪乡东南 6 km 处的晶花洞，是重庆酉阳国家地质公园十大明星洞穴之一。晶花洞洞穴系统的上层洞道长 1 000 余米，洞内面积约 10 000 m^2，有 4 个高大的厅堂和 3 个支洞，洞体雄伟壮观、厅堂高大宽阔。洞内次生化学沉积物、自

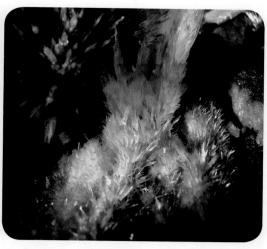

图 2.30　石膏花（来源：重庆市地质遗迹资源调查评价报告）

然景观丰富多彩、绚丽多姿、新奇鲜艳（图 2.30）。

　　石膏花无疑是这些洞穴沉积物的翘楚，在长 10 余千米的地下河中分布着大量玲珑剔透的石膏花。石膏花是由富含碳酸钙和硫酸钙的化合物经过多年沉淀而成，结晶体形似花朵，故称石膏花。石膏花的形成条件极其苛刻，晶花洞洞内相对湿度为 99.2%，或许只有在这样的湿度中才能形成分布面积如此之广、堪称世界级的石膏花。

81. 九龙洞

　　去过北京故宫的朋友也许知道，在故宫宁寿宫皇极门外，有一块壁长 29.4 m，高 3.5 m，厚 0.45 m 的背依宫墙修建的单面玻璃影壁，为乾隆三十七年（1772 年）改建宁寿宫时烧造，人们叫它九龙壁。此壁由九条金色的巨龙组成，九龙栩栩如生似在海面飞腾。

　　在重庆也有类似北京九龙壁的九条"远古巨龙"，但"巨龙"们不在墙壁上，而是隐藏在丰都武平镇周大湾村的九龙洞内（图 2.31）。

　　立身洞中，迎着莽荒、神圣之气，只见九条龙身完整、龙鳞清晰的巨龙正吞云吐雾，蜿蜒盘旋其中，神态万千，犹如神龙活现，让人叹为观止。洞底、洞壁布满了形态万千的石瀑、石杖、石花、石蛙、阳石、水母、将军、罗汉等，颜色各异，

（a）钙化池——九龙

（b）石瀑布

图 2.31　九龙洞（来源：王显卿 摄）

琳琅满目，俨如巨龙搜集的各类瑰宝，正应了古人那句话，"山不在高，有仙则名。水不在深，有龙则灵"。

82. 雪玉洞

传说，人生前无论善恶，死后都将魂归丰都，在此洗涤灵魂，再世为人。当立身于与鬼城隔江相望的雪玉洞时，方才顿觉传说不假，雪玉洞之圣洁，确有洗涤灵魂之效，恍若再世为人之感。

雪玉洞是世界罕见的正在快速成长的洞穴"妙龄少女"，孕育了5.5万～8万年，距今3 300～10 000年，雪玉洞开始变得如花似玉，美艳不可方物，正应了民间那句"女大十八变"。如今的雪玉洞已出落成世界罕见的洁白如雪的溶洞"冰雪世界"，洞内沉积物生成的景观，种类齐全、规模宏大、分布密集、形态精美，令人难以置信。洞穴中有世界罕见的石盾之王，因冰清玉洁，酷似企鹅，得名"雪玉企鹅"；有世界上规模最大、数量最多的塔珊瑚花群，犹如雄赳赳气昂昂的士兵，得名"沙场秋点兵"；有薄透如纸、晶莹剔透的石旗王，巧夺天工，让世人注目仰拜；有密度居世界之最，重重叠叠、倒挂空中的"鹅管林"（图2.32）。

（a）塔珊瑚群　　　　　　　　　　　（b）鹅管林

图2.32　雪玉洞内景（来源：户外运动网）

信步雪玉洞，迎面而来的是"亿万年前的飘雪，万亿年后的美玉"，"洞中高峡冰川，夏日清凉世界"，洞中的水，特别清澈、特别纯净、特别甜美、特别富有诗情画意。

83. 伏羲洞

伏羲洞位于酉阳桃花源金银山脚绝壁下，全长约3 000 m，洞宽10 ～ 50 m，高20 ～ 80 m，因洞穴入口处顶部一块天然巨石酷似《易经》中的平面图形"伏羲龙图"而得名。

整个洞府体量庞大，气势磅礴，有宽敞的大厅，曲折的廊道，险峻的峡谷，幽深的地下河，还有五彩缤纷的钟乳石，景观秀丽（图2.33）。洞内钟乳挺拔，石笋丛生，石幔高挂，石柱巍峨，石帘低垂，石瀑飞流，地下河幽深，是我国已开发洞穴中科研价值最高、历史最悠久、最神奇的地下地质奇观之一，是大自然赋予的艺术宫殿。

图2.33　伏羲洞内景［来源：重庆酉阳桃花源伏羲洞游记（羽翼朝旭）］

伏羲洞为顺单斜构造地层走向发育的纵向洞穴系统，洞穴发育特征明显。受岩性、地层产状及其与排水道关系三要素的控制，洞穴类型为大型地下河性质，洞穴岸顶的汇水面积大，故洞穴规模及空间巨大。

84. 辣子水洞

酉阳楠木乡的山水、山歌、溶洞并称"楠木三绝"，而在当地众多溶洞中，辣子水洞是当之无愧的佼佼者。这个洞穴神奇而美丽，被称为中国最美的溶洞之一。

2005年，一家汞矿企业探矿时，无意中捅开一个洞穴，进入洞内，雪白如玉、多姿多彩的岩溶景观令人惊艳叫绝。溶洞沿岩石层间裂隙发育，长约110 m，宽约20 m，分前后两段，第一段长60 m，第二段长50 m，整个洞穴都被姿态万千的白色沉积物覆盖，仿佛一座晶莹剔透的地下水晶宫。仅在洞口不到100 m² 范围内，就有鹅管、石花、卷曲石、犬牙晶花、石葡萄、莲花盆、钙板、石瀑布等十多种罕见的洞穴沉积物，钟乳石林、白玉银田、水上莲叶、水煮汤圆、石头开花、老鼠上秤钩等景观惟妙惟肖，精致壮观（图2.34）。穹顶上垂吊的鹅管群，细如筷子，粗如竹节，中空白色，成簇发育，像西方皇宫里的豪华水晶吊灯；洞壁上附着密密麻麻的卷曲管，像嫩豆芽、像金针菇、像羊脂玉，皆晶莹剔透；整个溶洞在灯光的照耀下，洞内一片银白，仿佛置身于"冰天雪地"的世界，让人目不暇接，流连忘返。

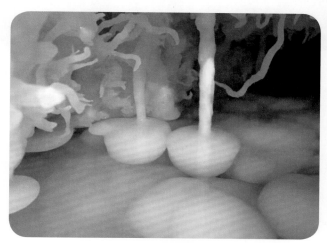

（a）水煮汤圆

（b）石笋

（c）石花

图 2.34　辣子水洞内景（来源：酉阳新闻网）

85. 芙蓉洞

"世界奇观，一级洞穴景点"，"一座地下艺术宫殿和洞穴科学博物馆"，这些赞美之辞都是用来形容武隆江口镇芙蓉洞的。芙蓉洞主洞长 2 700 m，总面积 3.7 万 m^2，其中"辉煌大厅"面积 1.1 万 m^2，最为壮观。

洞内化学沉积物种类繁多，从宏观到微观、从碳酸盐类到硫酸盐类，包括世界各类溶洞沉积类型的三十余个种类的沉积特征。其中有宽 15 m，高 21 m 的石瀑（图 2.35）和石幕，光洁如玉的棕榈状石笋，粲然如繁星的卷曲石和石花等，其数量之多、形态之美、质地之洁、分布之广，为国内罕见。

洞中主要景点有金銮宝殿、雷峰宝塔、玉柱擎天、玉林琼花、犬牙晶花、千年之吻，动物王国、海底龙宫、巨幕飞瀑、石田珍珠、生殖神柱、珊瑚瑶池等。进芙蓉洞游览，使人感受到大自然的神奇造化。

图2.35　石瀑布（来源：武隆区旅游发展委员会）

86. 仙女洞

温泉仙女洞位于开州温泉镇境内，洞口出处位于河东社区山腰，洞内总面积有40万～50万 m²，洞宇开阔，分支迷疑，怪石奇巧，素有"巴渝第一洞府"之美誉（图2.36）。传说该洞是受"雷雨震霹，山脚摧裂，洞门自开"，直至清中期，渐有仙女胜迹、帮扶贫苦的故事，便逐渐以仙女洞之名流传开来。

其实，仙女洞依然只是一种常见的喀斯特地貌之景，但其巧绝迷幻之美，却无不显示自然之天工。洞顶高穹，满是钟乳倒悬，洞底阔缓，皆是石笋交错；庭前有白色石笋，亭亭玉立，神态端庄，宛如处子，闺中梳妆；侧有石台似床，如绸如缎，挂有石葡，宛如珠串；左侧路边有石盘静置，如水果盘；远有群笋鳞次，如是群仙聚会；上有洞顶达天，镂空如月，光华斜照，散落似灯。其中美景，不盛繁举。

图 2.36 仙女洞内景（来源：王磊 摄）

87. 金佛洞

世界自然遗产金佛山，其巨大而古老的高海拔地下洞穴系统，发育层次清晰，反映了金佛山地区水文地质和古喀斯特地貌演化环境的重大变迁。金佛洞是金佛山数十个溶洞群中的佼佼者，它的神奇不在于有多漂亮的钟乳石，而在于它海拔高、地质形成年代久远、规模宏大等特点，保存完好、世界罕见的洞穴采硝遗址更是为其增添了一份神秘色彩。迄今为止，已探明的溶洞长度 11 km，洞底面积 14 万 m²，却仍不知洞底有多深、多远。

洞内一尊约 50 m 高的"观音像"映入眼帘，观音像左手托瓶，右手拈法诀，身前三根较小的石钟乳柱子如同三支香，香火鼎盛。这是石钟乳和石笋自然形成的，远看酷似观音［图 2.37（a）］，金佛洞也由此得名。

（a）石笋——观音像
（来源: 中国旅游新闻网）

该洞发育于二叠系下统茅口组灰岩中，通道系统受层面及两组结构面的控制，平面展布呈迷宫状，由一条北东—南西沿地层走向延伸的主通道及其东南侧网络状支通道系统组成。目前只发现两个地面开口，金佛洞（牵牛洞）洞口和羊子洞洞口，两者均呈狭窄竖井状。进洞不远处，为一流水侵蚀形成的竖井，直径约 1.5 m，井上不见顶、下不见底。金佛洞底堆积有大量卵石、砂、黏土等，均为水流从外部带入洞内。洞内次生化学沉积物主要为石珍珠、石柱、石笋等，由于洞内早年人们熬制硝盐的缘故，多数石笋石柱表面呈现黑色。

（b）晶针（来源: 中新社）

图 2.37　金佛洞

洞内还有罕见的洞穴景观——晶针［图2.37（b）］，呈细针状的晶体。这些晶针是在洞壁或其他洞穴沉积物细孔中的水、析出的碳酸钙或硫酸钙形成的针状晶体。

88. 青龙洞

青龙洞是步步有景、景景生奇，洞中奇观令人心旷神怡、流连忘返，集休闲、娱乐、探险、猎奇于一体。洞内化学沉积形态极其丰富，石钟乳、石花、石笋、石幔、石旗、边石坝等景观分布密集、数量多，在国内洞穴中首屈一指。龙鳞石瀑、嫦娥彩帐、五彩瑶池、洞天飞瀑等奇景尤为罕见，被誉为"地下地质博物馆"，极具旅游观赏及地质科研价值。

独具特色的是层状活"石旗"，它们犹如布幔、旗帜，200余米高的"洞天巨瀑"，上万年形成的片状钙华层"石梯田"（图2.38）和数百米的天然"时空隧道"，让人感受到青龙洞五彩斑斓的魅力。

图2.38　钙华层"石梯田"（来源：新华网）

89. 佛莲洞

"千年佛莲洞，今朝露金容"。石柱鱼池镇团结村的佛莲洞地处方斗山山脉，因水沿可溶岩层层面节理或裂隙进行溶蚀扩大而成，长约1 200 m。洞厅内多数钟乳石像佛教大佛，因而得名佛莲洞。洞外三面环山，山上林木茂盛，芳草萋萋，石芽、石林密布，属于典型的喀斯特地貌，集山、水、洞、林、泉于一体，具有雄、奇、幽、秀、美的特点（图2.39）。

洞内自然景观奇特，有钟乳石形成的天然大佛、因果石、石珊瑚；有暗河涌泉、

图 2.39　佛莲洞内景（来源：新华网）

定海神针、一帘幽梦等景点；有小桥挂瀑、珊瑚海、千年古贝壳、古鱼类化石；还有珍稀鱼类，如洞穴鱼等。

90. 冷洞

石柱金铃乡有个冒冷气的洞，因洞口常年冷气横溢、凉风嗖嗖，即使热天，不管外面多大的太阳，穿一件衣服进去还是会冷得发抖，故当地村民称之为冷洞（现改名广寒宫）。

冷洞是一个大型的天然地下溶洞，洞内钟乳石千姿百态，奇丽壮观，犹如金碧辉煌的地下宫殿。洞内各种类型的地质景观令人目不暇接，天然形成的溶岩造型千奇百怪，石笋、石塔、罗汉、菩萨等钟乳石景观惟妙惟肖：有的像猛虎过江，有的像金扁蛋，有的像石葡萄，有的像鹰爪，有的像玉屏，有的像观音坐莲，有的像含苞欲放的花蕾，晶莹剔透，五彩斑斓，巧夺天工（图 2.40）。满目繁华之余，使人们忍不住感慨造物主好生神奇。洞内一小水池里一条鳄鱼惟妙惟肖， 20 余枚金扁蛋更是令人欲罢不能，更绝的是一处石笋长得像一家三口，相互偎依，相敬相爱。

图 2.40　冷洞中的石笋与石柱（来源：熊璨 摄）

三、谜　篇

　　地质奇观是神奇的、美丽的，也是神秘的，人类对地球奥秘的探索一直在进行。这些奇怪的地质现象是如何发生的？那些奇特的地质奇观是如何形成的？有些已经有了明确的答案，有些还在争论，而有些一直到现在依然还是谜。重庆境内也不乏这样谜一样的地质奇观，在它们奇特的外观上还多了一层神秘的色彩。

91. 火炉上的夏冰洞

　　重庆夏季烈日炎炎，高温酷暑。此时，无须到雪山和北极，到海拔 2 200 ~ 2 350 m 的城口九重山风景区、巫溪红池坝高山草场原始森林内就能让您如愿以偿，探究七月酷暑下的冰雪之奇。

　　当我们靠近城口九重山风景区夏冰洞时，迎面扑来的是阵阵凉风，寒意重重；走进洞内，只见近洞口地面积雪覆盖，白雪、杂草、枯叶相映成趣；再往夏冰洞深处行进，映入眼帘的是冰柱、冰坛，晶莹剔透（图 3.1）。

图 3.1　夏冰洞内景
（来源：周溪乡政府）

　　红池坝高山草场原始森林内的夏冰洞，每当夏季，洞外绿树成荫，各色杜鹃怒放之时，洞内却是一个冰的世界，满目冰瀑、姿态万千。洞中最令人叫绝之处，要属洞内四壁的冰瀑，一排排、一道道，似银河决堤，气势恢宏；似急流汹泻，飞涛走澜；似飞冰流瀑，奔流而下。置身其间，如闻其声，惊心动魄，叹为观止！

　　待层林尽染之时，洞内却冰融水暖、涓涓细流，胜似温泉；隆冬时节，洞外天寒地冻，白雪茫茫，洞内则是冰乳潜形，流水叮咚，温暖如春，堪称世界之奇。

　　那么，夏冰洞为啥如此神奇呢？查阅资料，夏冰洞的成因解释有多种，但笔者倾向于重庆地质专家谭开鸥与朱顺知的解释：这个洞内之所以温度会如此低，首先是因为它的洞口位于天坑底部，洞口很小，空气对流不好，与外界的直接传导少，因此洞的封闭条件比较好，洞内得以保持大致恒温。其次，与它特有的地形条件和小气候是分不开的。夏季时，由于洞口水汽比较大，且洞外温度高，气体进入洞内时携带大量的水汽便会因为温度的降低而凝结，形成水珠，温度低至零摄氏度时，便会结冰；到了秋冬季节，气候变得干燥，空气中水汽少，几乎难以形成水珠，洞内自然也很难结冰。

山体内部实体冰洞的规模，也影响着夏冰洞的变化。当规模较小时，天气转暖的初期出现夏冰洞，随后随着山体内部实体冰洞的消融，夏冰洞随之消失。当山体内部冰洞规模较大时，天气越热，湿度越大，夏冰洞就越明显。

经查阅资料，我国山西、陕西、河南、河北、湖北等石灰岩高海拔地区均发现有夏冰洞的存在。

92. 神秘的石臼

在重庆境内多个地方，例如梁平云龙镇七里滩电站旁河滩上和重庆永川陈食镇长滩河畔，都发现有大大小小上千个密如蜂窝状的石洞，大的直径三四米，小的不过几厘米，且深浅不一，浅的不过一手指，深的有七八十厘米。这些洞无论大小、深浅、疏密都是口小肚大底部平，基本上处于同一岩石面上，而且以圆形、椭圆形居多。

这些洞形状各异，如臼如缸，有的像锅、碗，有的像茶杯、汤匙。更有甚者，洞中有孔，孔孔相连，十分奇特，人们称它们为石臼（图 3.2）。

人们赞叹之余，不禁会想这些石臼是怎么形成的呢？是古人挖掘的吗？国内对于这些孔洞的成因有多种观点，有一种观点认为，这些孔洞都是冰臼，是第四纪冰川后期，冰川融水携带冰碎屑、岩屑物质，沿冰川裂隙自上向下以滴水穿石的方式，对下方的岩石进行强烈冲击和研磨，形成看似我国南方用于舂米的石臼。由此推断这些石臼其实是古冰川作用的产物，为冰臼。但也存在质疑声，认为有其他多种成因，例如球状风化成因等。目前，对重庆境内的这些石臼还没有进行深入的科学研究，因此称它们为"神秘的石臼"，这个答案留给未来的人们来探究吧。

93. 壶穴

在万州罗田镇天生社区，有一条看似平淡无奇的河流，在紫红与灰色的大地上

图3.2　石臼

肆意地展布、流淌，如果我们漫步其间，常常会被一些细节所吸引。这里的河床并没有因为经年累月的流水磨蚀而显得一片光洁，反而在坚硬的砂岩之上留下许多坑坑洼洼。

这些坑洼密集地生长在河床之上，远观之下仿佛一群吸附在河底的贝壳家族，它们形似瓷壶，壶口多为圆形、似圆形，呈现出口圆、肚大、底平的特征。壶壁、壶口圆润光滑，在地质学上被称为壶穴（图3.3），又称"深潭""瓯穴"，而它们形成的地貌特征，则称为壶穴地貌。这些壶穴有大有小，有疏有密，最大的直径、深度可达13 m，最小的直径却仅0.1 m左右，或大小簇拥，或并生林立，或大中含小，虽多是形态端正，也不乏斜依歪倒之辈，各具形态，各具个性。

壶穴的形成尚未有定论，有一种观点认为，在山区水流湍急之地，往往能有所见。由于河水增量，带动着上游的石子向下游动，当石块遇到河底凹处之时，则前进受阻，于是只会在水流的带动下，在一处不停打转，磨砺河床，如此弥时久远，便会在原来的凹陷之地形成深邃的圆形孔洞。

图 3.3　壶穴（来源：谢斌 摄）

94. 热石

江津西湖镇的骆来山鸡公岭上有一块奇妙的石头，长约 3 m，宽约 1 m。这块石头的奇妙之处在于它不会被冰雪覆盖，是山上白雪皑皑时唯一不会被"侵染"的地方，永远都裸露着本色。因为它如此奇特，人们称其为"热石"（图 3.4）。

发现这一罕见奇观的是当地一名叫郑德春的农民。1973 年 2 月的一天，他上山打猎，在追赶一只野兔时，忽然发现白茫茫的大山只有这块石头毫无积雪。他回去告知乡亲，大家都不相信，人们上山观看后连声称奇。骆来山的冬天多雪，可这块石头从未被大雪覆盖。消息传开后，当时在江津农业局工作的彭卫明于 1975 年冬天专门上山察看几日，得到证实后，撰文披露，一时上骆来山看"热石"奇观的人络绎不绝。

"热石"为何不积雪，成因何在？这已引起很多地质专家、学者的关注。1976 年，四川省地质局的 7 位工程师带着精密仪器来实地测试，也未能找出热石发热的原因，反而更增加了其神秘感。

（a）热石（来源：江津网）

（b）骆来山（来源：江津区宣传部）

图 3.4　骆来山热石

95. 吼泉

在开州岳溪镇竹园村，有一处天然的溶洞，洞口矗立着一块刻有"上接天河三千里，下通地海十二门。万古长流人世间，一条银浪系生灵"的石碑，彰显着它深厚的历史文化底蕴。从洞口进入约 20 余米出现一处深水潭，挡住了前行的道路。两边岩壁千姿百态，怪石嶙峋，宽不过 2 m，高不过 3 m。洞中有一淙清泉平静流淌，水流潺潺，温沁心脾（图 3.5）。

令人称奇的是，当洞内不断有人高声说话或对着洞口大吼几声，约 30 s，便能听到"哗啦啦"的水流声从洞内传来，越来越近，扣人心弦。不断抬升涌出的泉水逐渐将原本高出水面的岩石淹没。现场目测，上涨的泉水最高有 5～10 cm，约 1 min 后泉水慢慢退去，水位逐渐恢复到原先的位置，洞内又归于平静。这一奇特的现象，当地人称"吼泉"，洞中仿佛安装了一个声控开关一般。

据了解，在重庆地区，酉阳和巴南亦有吼泉存在。有地质科学家初步考察推测，吼泉的产生有两种可能：一是产生虹吸现象，喷涌的水流可能是受补给水源的大小变化而形成；二是地底存在暗河，声音在洞中产生共鸣，在水中形成波浪后溢出水流。但真实的成因有待进一步的调查和研究。

（a）吼泉入口（来源：杨龙 摄）

（b）吼泉内景（来源：熊超 摄）

（c）吼泉内景（来源：熊超 摄）

图 3.5　吼泉

本书从收集材料到完成初稿，花费约一年时间，看似不长，却是所有编者以及关心支持本书出版的热心人士数十年日积月累的结果。书中涉及的地质奇观主要是编者以及重庆市地勘局208水文地质工程地质队全队职工野外工作且有心留意的地质遗迹或地质现象。"众人拾柴火焰高"，通过我队工会活动征集重庆有关地质奇观线索和图片，编写组共同努力，后期补充与完善部分图片，多次反复修改，融入不同人从不同角度提出的宝贵意见，最终让首部系统介绍重庆境内地质奇观的书籍初步成形。

本书力求以地质学知识为基础，以宣传地学科普知识为导向，同时融入历史人文故事，力求达到地学科普与文学写作的最佳结合点，既要把专业难懂的地质学知识用通俗语言传达给读者，又防止写成游记散文。目的在于让人们了解重庆境内8.24万 km^2 山水中大自然留下的神奇的地质景象。

由于重庆面积广大，境内的自然奇观众多，编者所能了解的并不是全部。因此希望读到此书的读者，若发现书中地质奇观有不当之处，或者您了解到最新的具有特色的自然景观时，请通过以下方式与编者联系。我们将共同努力使这本"地质奇观"科普书籍编写得更加丰富、完美，以更好的面目呈现给读者。

正如法国著名艺术大师罗丹所说："世界上并不缺少美，而是缺少发现美的眼睛。"我们相信，只要你有一双发现美、发现奇的眼睛，自然界中"隐藏"的地质奇观会不断地带给你美的享受！

编者联系方式：023-68863853；微信公众号：重庆地学科普。

CANKAO WENXIAN

参考文献

[1]陈安泽，等.中国喀斯特石林景观研究［M］.北京：科学出版社，2011.

[2]陈伟海，朱学稳，朱德浩，等.重庆奉节天坑地缝喀斯特地质遗迹及发育演化［J］.
山地学报，2004，22（1）：22-29.

[3]董枝明，周世武，张奕宏.中国古生物志：四川盆地侏罗纪恐龙化石（总号第162册
新丙种第23号）［M］.北京：科学出版社,1983.

[4]龚勋.全球最美的地质奇观［M］.重庆：重庆出版社,2013.

[5]郭英海，李壮福，李大华，等.四川地区早志留世岩相古地理［J］.古地理学报,2004，
6（1）:20-29.

[6]胡以德.重庆地质之最［M］.重庆：重庆大学出版社,2017.

[7]湖北省地质科学研究所，等.中南地区古生物图册：一［M］.北京：地质出版社,1977.

[8]湖北省地质局三峡地层研究组.峡东地区震旦纪至二叠纪地层古生物［M］.北京：
地质出版社,1978.

[9]李娴，殷继成，李晓琴，等.重庆武隆岩溶国家地质公园景观价值与旅游可持续发展
探讨［J］.成都理工大学学报：自然科学版，2006（3）：305-309.

[10]李越.华南晚奥陶世至早志留世生物礁的演化历程［M］//戎嘉余，方宗杰.生物
大灭绝与复苏：来自华南古生代和三叠纪的证据：上卷.合肥：中国科学技术大学出
版社,2004.

[11]刘严松，何政伟，龙晓君，等.重庆綦江地质公园地质遗迹特征及其地质意义［J］.
中国地质灾害与防治学报,2010（2）：118-124.

[12]西南地质科学研究所.西南地区古生物图册：四川分册［M］.北京：地质出版社,1978.

[13]杨式溥.遗迹化石的古环境和古地理意义［J］.古地理学报,1999（1）:7-19.

［14］杨式溥，张建平，杨美芳.中国遗迹化石［M］.北京：科学出版社,2004.

［15］杨钟健，赵喜进.合川马门溪龙.［M］.北京：科学出版社,1972.

［16］叶祥奎.中国古生物志：中国龟鳖类化石（总号第150册新丙种第18号）［M］.北京：
科学出版社,1963.

［17］张锋，王丰平，李伟，等.重庆綦江古剑山上侏罗统蓬莱镇组木化石群的发现及其
科学意义［J］.古生物学报,2016（2）:207-213.

［18］张锋，胡旭峰，王荀仟，等.重庆綦江中侏罗世木化石群的发现及其科学意义［J］.
古生物学报,2015（2）:261-266.

［19］张锋.永川龙——侏罗纪的霸主［J］.生物进化,2010（4）:34-37.

［20］张锋.重庆木化石资源状况与保护［M］//周光召.自然科学与博物馆研究：第十卷.北
京：北京科学技术出版社,2015:41-49.

［21］中国科学院南京地质古生物研究所.西南地区碳酸盐生物地层［M］.北京：科学出
版社,1979.

［23］中国科学院南京地质古生物研究所.西南地区地层古生物手册［M］.北京：科学出
版社,1974.